U0169974

# 5G革命

## 一场正在席卷全球的
## 硬核科技之争

刘东明／著

中国经济出版社

**图书在版编目（CIP）数据**

5G 革命 / 刘东明著 . -- 北京：中国经济出版社，2020.1

ISBN 978-7-5136-5981-9

Ⅰ . ① 5… Ⅱ . ①刘… Ⅲ . ①无线电通信 – 移动通信 – 通信技术 – 研究 Ⅳ . ① TN929.5

**中国版本图书馆 CIP 数据核字（2019）第 281062 号**

责任编辑　张梦初　戴　瑛
责任印制　巢新强
封面设计　王天义

**出版发行**　中国经济出版社
**印 刷 者**　北京力信诚印刷有限公司
**经 销 者**　各地新华书店
**开　　本**　787mm×1092mm　1/32
**印　　张**　8.375
**字　　数**　170 千字
**版　　次**　2020 年 1 月第 1 版
**印　　次**　2020 年 1 月第 1 次
**定　　价**　58.00 元
**广告经营许可证**　京西工商广字第 8179 号

中国经济出版社 网址 www.economyph.com 社址 北京市东城区安定门外大街 58 号 邮编 100011
本版图书如存在印装质量问题，请与本社销售中心联系调换（联系电话：010-57512564）

# Preface | 前言

　　1968年的国际消费类电子产品展览会（CES）上，摩托罗拉公司推出了第一代商用移动电话的原型，当时，这样一部电话售价2000美元，重达9kg。2019年7月26日，华为在深圳召开终端沟通会，现场发布国内首个取得入网许可证的5G智能手机——Mate20X 5G版，预售价格6199元，重量仅有233g。从1G到5G，通信之路越来越宽，在这50多年里，我国通信业也从追赶者，变为引领者。截至2019年5月，在全球20多家企业的5G标准必要专利声明中，中国企业占比达到34%，位居全球第一。

　　5G尚未商用时，便有一句话悄然流行——"4G改变生活，5G改变社会"。为何会有这种说法呢？4G提高了移动网络通信质量与效率，网约车、共享单车、外卖平台、短视频平台、移动直播等生活化App大量涌现，创造了一种全新的生活方式，人们使用随身携带的智能手机便可满足很多生活需要。5G在提高移动网络性能的同时，从手机这一单一领域扩展到了全领域、全行业，通过物联网、车联网、工业互联网等形式，为人类创造了一个人与万物无延时智能互联的平行世界。正像工业和信息化部部长苗圩所说的"将来20%左右的5G设施是用于人和人之间的通讯问题，80%还是用于物和人也就是物联网特别是移动的物联网通讯的问题"。

技术的更迭如同浪潮般推动着人类社会的变革，见证了4G时代数字经济的蓬勃发展，我们有理由对5G将带来的未知世界充满无限期待。未来，5G会为人类描绘怎样的智慧图景呢？本书将为您揭晓答案。

本书共分为八大部分。

第1部分是5G革命，主要介绍了5G崛起的背景、发展历程、核心技术、应用场景，以及对人类社会产生的深远影响。通过学习本部分内容，读者可以掌握5G的发展现状与趋势，了解5G对世界产生的颠覆性影响。

第2部分是5G战略，重点阐述了中国、美国、日本、韩国、欧盟等主流经济体在5G方面的深度布局，5G全球产业链布局，以及国内三大互联网巨头BAT的5G战略规划等。在5G这个全新的赛道，国家如何做好顶层设计，企业又该以何种思路落实推进，中国企业如何在5G全球产业链中找准自身的角色定位等问题，读者都可以在本部分找到答案。

第3部分是5G+教育，详细分析了5G如何赋能教育，实现从传统教育到数字化教育的转型路径。5G对教育业的价值，绝非仅基于5G技术的软硬件升级，更为关键的是在教育理念、教育模式、教育方法、教育能力等方面的革新。未来的智慧教育应该是普惠化的，不分年龄、不分职业、不分区域，所有优质教育资源唾手可得；未来的智慧教育应该是系统化的，学生得到的是一套完善的学习成长解决方案，而不是散乱无序、条块分割的知识点；未来的智慧教育应该是可视化的，学生可在近乎真实般的模拟场景中学习知识与技能，使学生将理论与实践相结合，提高学习效率，缩短人才培养周期。

第4部分是5G+医疗，重点分析了基于5G的智慧医疗建设方案，主流的智慧医疗应用场景，以及关于未来智慧医院形态的畅想。构建富有效率的医疗卫生体制是一个世界性的难题，我国政府从顶层设计、体制机制、政策、资金、人才等方面做出了巨大努力。但由于医疗卫生资源整体不足、起步时间晚等问题，导致我国医疗产业发展水平仍与发达国家存在不小的差距，而5G在医疗行业的落地应用，为解决该问题提供了有效方案，未来，我国应该充分抓住这一机遇，加快医疗产业的数字化、智能化、智慧化转型。

第5部分是5G+制造，主要介绍了5G在助推传统制造业转型升级方面的巨大潜在价值，以及5G与工业互联网的融合发展路径。制造业是国民经济的主体，体现了国家的综合实力与国际竞争力。以移动互联网、大数据为代表的新一代信息技术的快速发展，使全球制造业迈向重塑发展理念、调整失衡结构、重构竞争优势的关键时期，移动互联网的发展很好地满足了人、信息、消费品间的连接需要，但人与设备、设备与设备特别是工业设备间的高效连接仍面临较大阻碍。而5G的应用，将助推制造业算法、算力及数据的融合发展与创新，引领生产线柔性化改造、工厂智能化升级，以及供应链协同管理，使我国从制造大国转变为制造强国。

第6部分是5G+交通，重点阐述了5G在无人驾驶汽车落地及车联网建设中的应用。长期以来，交通运输的发展主要依赖规模扩张，投资规模大、回报周期长，是一个较为典型的传统产业。同时，交通运输发展水平影响了资源流通效率与成本，关系到人们的出行质量与体验。大力推进5G+交通，有助于实现人、车、路协同，加快车联网建设进程，推动无人驾驶汽车推广普及，满足人们的智慧出行需要。

第7部分是5G+智慧城市，主要分析了5G如何优化城市生活，以及5G在城市智慧安防中的应用。智慧城市是一个复杂的生态系统，集成了AI、大数据、云计算、物联网、移动互联网等基础前沿技术，包含城市民生服务、城市基础设施、城市生态环境、城市产业发展、城市治理体系等诸多模块。5G是实现"万物互联"的基础和前提，建设智慧城市离不开5G的支持。

第8部分是5G+能源，主要介绍了推进智慧能源建设的切入点，以及5G如何使能能源产业。"十三五"时期是我国能源革命发力提速的关键时期，随着经济社会的快速发展，我国对能源的需求快速增长，同时，优质能源的稀缺性、可持续发展理念等决定了我们必须创新能源开发、利用、服务及管理模式，提高能源利用效率。推进5G技术的应用，将有效推进能源领域基础设施智能化，实现双向能源分配，丰富能源应用场景及应用模式。

本书强调，5G并不是一个单一的技术，而是一系列的技术创新，想要充分发挥其价值，需要推动5G与AI、大数据、云计算等技术的深度融合。以5G+AI为例，AI赋予5G以直觉、推理、判断力等智慧，5G则为AI带来了更为广阔的连接。5G需要自主选择连接路径、自动开展网络连接健康状态分析、自动对潜在或已经出现的故障进行修复，而AI使这一切成为可能；有了5G的连接，AI可以在云端处理规划、决策，由边缘端快速执行。AI与5G的融合，将使网络智慧化运行，机器具备群体智慧能力，创造一个互促式、螺旋式发展的新机遇。

消除网络盲区，弥合数字鸿沟，让万物互联互通，是建设现代通信网络的应有之义。作为新一代移动通信网络，5G整体网络架构更为灵活、业务多元、功能丰富，对网络的规划、部署、管理、维护等提出了更高的挑战。同时，想要满足人民日益增长的美好生活需要，5G网络必须具备输出智能化、最佳体验的服务能力。

因此，在推动5G发展与应用过程中，我们需要坚持需求导向，积极推进5G基础设施研发、生产，鼓励创新创业，激活全社会创造活力，同时，加快完善相关法律、规章、制度，为5G产业的健康发展持续带来良好的基础设施、数据资源、政策环境及资本支撑。

# Contents |目录

# CHAPTER 1
# 5G革命：开启万物互联的智能世界

## 1.1 技术奇点：5G连接未来世界

### 通信简史：从1G到5G

5G是指第五代移动网络通信技术。5G网络技术采用融合方式，实现对现有技术的综合应用，同时还能对接新技术。利用持续发展的移动通信技术，5G网络能够对接无线网络系统内不同成员提出的需求，为客户提供更高层级的网络服务，解决人与人、人与物、物与物之间存在的信息沟通问题，提高数据传输效率。

相较于前面四代移动通信技术来说，5G的功能更丰富，关键性能指标非常多，包括用户体验速率、连接数密度、端到端时延、峰值速率和移动性等。其中用户体验速率是5G最重要的一个性能指标，这一点与只强调峰值速率的前四代通信技术不同。用户体验速率描述的是用户可获得的真实的数据速率，与用户感受联系最密切。为满足主要场景的技术需求，5G的用户体验速率至少要达到Gbps量级。

与工业时代相比，现代的通信技术实现了跨越式发展。移动无线网络已经渗透到了人们生活与工作的方方面面。为了更全面、深入地认识5G，我们不妨先回顾一下从1G到5G的通信演进史（见图1-1）。

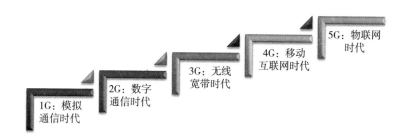

**图1-1 从1G到5G的通信演进史**

### ◆ 1G：模拟通信时代

1G是一种基于模拟技术的蜂窝无线电话系统。1986年，美国芝加哥诞生了第一套商用移动通信系统，该系统采用模拟信号方式进行传输，模拟方式是运用模拟式的FM调制，将300～3400Hz间的语音转化至高频载波频率MHz中。1G仅支持语音传输，而且存在语音品质较低、信号稳定性差、覆盖范围小等问题。

主流的1G网络制式是美国贝尔实验室研发的AMPS。日本、英国等国家也推出了各自的1G网络制式，比如日本的JTAGS、英国的TACS等。1987年11月18日，国内首个

TACS模拟蜂窝移动电话系统在广东建成并投入商用，主要目的是为了迎合第六届全运会需求，使用了爱立信组建的模拟网络，也就是B网（频率为900～920Hz）。北京于1984年开始组建移动电话网络,1988年3月正式开通，采用A网（由摩托罗拉设备组建而成，频率为920～940MHz）、B网相结合的方式。

在国内1G发展初期，人们使用的通信设备主要是摩托罗拉8000X，俗称"大哥大"。1988年，北京移动复兴门营业厅开始独家经营"大哥大"，售价高达2万元，通话费用约1元每分钟，而且存货不足，需要预约购买。

### ◆ 2G：数字通信时代

随着用户通信需求快速增长，1G串号、盗号、通话被监听等问题越发突出，世界各国纷纷开始研发新的移动通信技术，2G时代随之到来。与1G使用模拟调制不同的是，2G采用数字调制，不但支持语音通话，还支持文本传输和网络服务，系统容量和通话质量得到了大幅度提升。2G主流的网络制式包括GSM（Global System for Mobile Communications，全球移动通信系统）、TDMA（Time Division Multiple Access，时分多址）、CDMA（Code Division Multiple Access，码分多址）。

### ◆ 3G：无线宽带时代

进入21世纪后，在海量需求驱动下，通信产业保持高速发展，为满足人们对网络传输速率、传输稳定性等方面的需要，通信技术厂商和运营商开始研发第三代通信技术。与2G相比，3G在系统容量、通话质量、数据传输速率等方面的性能进一步提升。而且3G支持跨网络无缝漫游，它可以将无线通信系统和互联网对接，为移动终端用户提供图像、音乐、视频、网页浏览、电话会议、电子商务等多种服务。

3G可实现全球漫游，使人与人之间可以实现随时随地的沟通交流，这也是业内人士将3G视为开启移动通信新纪元的关键所在。3G主流的网络制式包括W-CDMA（Wideband Code Division Multiple Access，宽带码分多址）、CDMA2000、TD-SCDMA（Time Division – Synchronous Code Division Multiple Access，时分—同步码分多址）。

◆ 4G：移动互联网时代

数据通信及多媒体业务的快速增长，催生了支持移动数据、移动计算及移动多媒体运行的第四代移动通信技术。4G网络技术集3G和WLAN于一体，支持高质量音频、图像及视频的高速传输，可以满足用户多元化的无线服务需要。海外主流运营商于2010年开始大规模建设4G网络，我国于2013年开始在北京、上海、广州、深圳等16个城市实现4G商业化。

4G的主流网络制式为TD-LTE、FDD-LTE。从严格意义上来讲，虽然很多媒体将LTE宣传为4G无线标准，但它并没有被3GPP（3rd Generation Partnership Project，第三代合作伙伴计划）

认可为下一代无线通信标准IMT-Advanced，仅是3.9G。

### ◆ 5G：物联网时代

5G具有高可靠、低时延、低功耗等优势，是集传统无线接入技术和新型无线接入技术为一体的综合解决方案。与前几代移动通信技术相比，5G实现了网络制式统一化，这将为电信运营商及基带芯片厂商部署5G带来诸多便利。

5G网络能够在更大范围内提供服务，且在信息传输速度、可靠性等方面都具有强有力的保障。4G网络的技术架构为5G网络的发展奠定了坚实的基础，让5G网络能够通过规模化的天线收发高频信号，并以低频完成信息传输。

4G网络的理想传输速度为150Mb/s，相比之下，5G网络则以15Gb/s的传输速度遥遥领先。大容量的5G网络能够有效推动广域物联网的发展，在延长物联网节点生存周期的同时，可以减少物联网的通信成本。传统的LTE网络技术在提高网络传输速度的同时，使网络时延降至100毫秒以下，从技术层面促进了网络通信的发展，给5G网络的应用打下了良好的基础。

与4G网络相比，5G网络除了具备更强大的功能之外，还能够实现万物互联。在网络承载能力逐步提高的基础上，5G既能扩大通信网络的应用范围，提高通信的智能化水平，降低整个行业的能耗水平，又能加强通信行业与其他行业之间的合作关系，在汽车、能源、工业制造、医疗等众多领域实现应用，促进这些行业实现智能化改革与升级。

对移动通信技术的发展历程进行总结可以发现，"标志性能力指标"与"核心关键技术"几乎可以对每一代移动通信技术进行定义：

★1G使用频分多址（FDMA）技术，只能支持模拟语音业务。

★2G使用时分多址（TDMA）技术，支持数字语音与低速数据业务。

★3G使用码分多址（CDMA）技术，支持多媒体数据业务。

★4G使用以正交频分多址（OFDMA）技术为核心的一系列技术，峰值速率可达100Mbps～1Gbps，可支持各种移动宽带数据业务。

★现阶段，无线技术创新呈现出多元化的趋势，新型多址技术、大规模天线阵列、超密集组网、全频谱接入、新型网络架构等成为5G技术研究的主方向。在5G主要技术场景中，这些技术发挥着至关重要的作用。

## 黑科技：当科幻走进现实

若干年之前，在2G网络出现之后，人们可以利用手机浏览各种文字信息，观看NBA总决赛的文字直播，曾不止一次为互联网带来的便利而惊叹。后来，进入4G网络时代，人们的网络体验变得越来越丰富，随时随地社交、碎片化阅读、在线观看视频、多人在线的竞技游戏，科技的进步一次又一次地带给我们全新的体验，而科技的发展最离不开的就是快速发展的无线网络。如今，在我们正在努力适应并享受4G网络带来的便利的同时，很多科技厂商已经在着手研发5G了，让人们不由地对未来的生活充满幻想。

自电影出现之后，人们通常会将对未来的憧憬与想象寄托于电影这种艺术形式呈现出来。随着时代不断发展，很多科幻电影中的场景已经成为现实，5G的到来更是让人们与未来变得更近。

### ◆《少数派报告》：自动驾驶汽车

在科幻电影中，汽车是出现频率最高的一种事物，人们对于未来汽车的想象从未停止。在斯皮尔伯格导演的《少数派报告》中，汤姆·克鲁斯驾驶的无人汽车不仅搭载了磁悬浮技术，而且可以全程无人驾驶，给观众留下了深刻印象。

随着人们对智能手机、自动驾驶汽车等智能产品的功能与服务要求不断提升，这些产品的数据规模也在高速增长。这就给智能系统的数据传输、分析、应用及管理造成了极大的负担，而5G能够有效解决这一问题。以自动驾驶汽车为例，当自动驾驶汽车高速行驶在路况复杂的道路中时，必须在近乎零的延迟时间内完成对实时路况信息的获取、处理等，这样才能规避意外事故，保障行驶安全。

车联网为车与车、车与人、人与人等提供通信解决方案，能够提高驾驶安全，革新驾驶模式，为用户提供信息、社交、娱乐等服务。而5G网络是推动车联网落地的重要驱动力，让汽车实现传感器实时感知、车辆全生命周期维护、编队行驶与自动驾驶等具备落地的可能。

对于自动驾驶来说，汽车内部放置了数百个传感器，在这些传感器的作用下，汽车的智能化程度更高，速度更快。这些传感器产生的数据比其他任何物联网应用都要多，这些数据的处理与分析对网络速度提出了极高的要求，而4G网络无法满足这一要求。另外，自动驾驶汽车系统还对数据处理速度与能力提出了极高的要求，要求模仿人类的反应速度。

据了解，未来自动驾驶汽车将产生2兆位的数据，自动驾驶汽车行驶一周时间所产生的数据需要230天进行传输，为了加快数据传输速度，缩短数据传输时间，人类需要更快的ASIC处理技术，而5G可以很好地满足这一需求。

### ◆《哆啦A梦：伴我同行》：畅行无阻的城市交通

人们总在幻想，5G时代到来之后，我们的城市会变成什么样子？虽然自进入工业时代以来，城市中钢筋混凝土建造出来的建筑越来越多，城市变得越来越千篇一律，毫无美感可言，但这并没有阻止人们对未来城市的憧憬与想象。

《哆啦A梦：伴我同行》这部电影有这样一个场景：路面交通指示盘会根据路况实时变更，以缓解早晚高峰期路面的拥堵状况。在高带宽、低时延的5G网络支持下，智能城市建设不再是难事。在5G网络环境下，人们下班后只需用手机设定好回家的路线，然后坐进无人车，就能躺在车里休息一下或者继续处理尚未完成的工作，无人车会将你安全送到家。

### ◆《黑客帝国》：在虚拟现实世界中旅行

《黑客帝国》第一次将VR概念引入电影，在当时赚足了眼球。在这部电影中，主人公尼奥无意中发现自己一直生活在VR世界中，现实世界早已被人工智能占领，人类已沦为为机械人提供生物能源的工具。

在未来的5G环境中，VR设备将走出室内，进入外部空间。借助5G网络超高的传输速率与强大的交互能力，人们可以自由设计自己的生活方式，比如将上班路上的街头场景设计为其他国家的街景，感觉每天上班都像在世界旅行一样。如果5G的网络传输速率能达到1Tbps，人们就能随时观看8K视频。再加上多元化的城市交互系统，《黑客帝国》中的场景或许真的能出现在日常生活中。

### ◆《机械公敌》：未来的智能机器人

《机械公敌》这部电影讲述了公元2035年，智能机器人成为人类日常生活中不可缺少的一分子，从厨师、保姆到快递员等，都已被智能机器人取代给人们的生活带来极大的便利。但在这些机器人拥有自我思考能力之后，他们与人类发生了冲突。随着机器人越来越智能，人类应如何看待机器人，成为这部电影带给人们最深层的思考。

目前，已经有一些餐厅引入了智能机器人当服务员，前来用餐的客人只要点击机器人身上的按钮就能点菜。随着5G网络实现规模化商用，人们可以支配机器人从事一些更加复杂的工作。同时，借助城市中密集铺设的基站，机器人还能往来于城市的各个角落。由此看来，未来，由机器人担当快递员与送餐员极有可能实现。

随着5G时代到来，以前只能在电影中出现的情节，比如无人汽车、智能机器人等极有可能成为现实。随着智能化时代的到来，人们的工作效率、生活效率将得到大幅提升，或许不久之后，人们无须再考取驾照，只需购买一辆无人汽车就能去任何想去的地方，还能借助虚拟现实设备在街头巷尾玩各种探索游戏。

其实5G时代并不遥远，只要对未来充满向往，科幻电影中的那些场景总有一天会成为现实。但是，5G只是一个平台，只能为人们提供工具，要想让电影中的场景落地，还需要人们发挥想象力与创造力，不懈努力。

## 5G的主要应用场景

到2020年以后，移动通信将在两大主要驱动力的推动下不断向前发展，一是移动互联网，二是物联网业务。5G可满足人们在多元化场景中的多样化业务需求，比如居住场景、工作场景、交通场景、休闲场景等，即使在高流量密度、高连接数密度、高移动性特征的地铁、体育场、办公楼、高铁、高速公路等场景中，也可满足用户对虚拟现实、超高清视频、云桌面、在线游戏等业务的需求。

### ◆ 5G技术场景

5G主要包括四大应用场景，分别是连续广域覆盖、热点高容量、低功耗大连接和低时延高可靠。不同的应用场景面临着不同的性能挑战，用户体验速率、端到端的时延、流量密度等都有可能成为不同场景的挑战性指标，5G的出现将有效解放不同场景下性能指标带来的挑战（见表1–1）。

表 1–1　5G主要场景与关键性能挑战

| 场景 | 关键性能挑战 |
| --- | --- |
| 连续广域覆盖 | 100Mbps用户体验速率 |
| 热点高容量 | 用户体验速率：1Gbps |
| | 峰值速率：数十Gbps |
| | 流量密度：数十Tbps/km$^2$ |
| 低功耗大连接 | 低功耗大连接 |
| | 连接数密度：106/km$^2$ |
| | 超低功耗，超低成本 |
| 低延时高可靠 | 空口时延：1毫秒 |
| | 端到端时延：毫秒量级 |
| | 可靠性：接近100% |

具体来看，连续广域覆盖、热点高容量两个场景的功能主要是满足未来用户对移动互联网业务的需求，是4G的主要技术场景。低功耗大连接、低时延高可靠两个场景聚焦物联网业务，主

要功能是为传统移动通信技术无法支持物联网、垂直行业应用问题提供有效的解决方案，是5G新拓展的场景。

（1）连续广域覆盖：连续广域覆盖是移动通信最基本的覆盖方式，目标是为用户的移动性、业务的连续性提供强有力的保障，让用户享受到无缝衔接的、高效率的业务体验。该场景的挑战在于，无论是在高度移动场景中，还是在极端恶劣的环境中，都要保证用户随时随地可以享受到速度在100Mbps以上的网络速率。

（2）热点高容量：聚焦局部热点区域，满足用户对数据传输速率的高要求，满足网络极高的流量密度需求。对于该场景来说，用户体验速率要达到1GB，峰值速率要达到数十GB，流量密度需求要达到数十TB/km$^2$是最主要的挑战。

（3）低功耗大连接：聚焦智慧城市、森林防火、智能农业、环境监测等场景，以传感和数据采集为目标，具有数据包小、连接数量多、功耗低的特点。这类终端的数量非常多，分布范围比较广，不仅要求网络支持超千亿连接，使连接数密度达到1000000/km$^2$，还要保证终端功耗及成本都比较低。

（4）低时延高可靠：主要聚焦车联网、工业控制等垂直行业，目标是满足这些行业的特殊需求。对于该场景来说，时延与可靠性是最大的挑战，不仅要保证端到端时延缩短到毫秒级，还要保证业务可靠性达到100%。

### ◆5G场景和关键技术的关系

5G的四个典型技术场景——连续广域覆盖、热点高容量、低时延高可靠和低功耗大连接，面临着不同的挑战性指标需求，在保证不同技术有可能共存的情况下，需要将这些关键技术以不同的方式组合在一起来满足这些挑战性指标需求。

（1）在连续广域覆盖场景中，受站址和频谱资源的限制，为满足用户体验速率（体验速率要达到100Mbps）的需求，不仅要尽量使用更多低频段资源，还要提升系统频谱效率。在这个场景用到的各种技术中，大规模天线阵列是最关键的一种，该技术与新型多址技术相结合可使系统频谱效率、多用户接入能力得以切实提升。在网络架构方面，将多种无线接入能力、集中的网络资源协同和QoS控制技术融合在一起，让用户享受到相对稳定的体验速率。

（2）对于热点高容量场景来说，其面临的主要挑战有两个，一是极高的用户体验速率，二是极高的流量密度。首先，超密集组网可以使频率资源重复使用，使单位面积内的频率复用效率得到大幅提升。其次，全频谱接入能够使低频与高频的频率资源得到充分利用，使传输速率得到切实提升。最后，大规模天线、新型多址等技术与超密集组网、全频谱接入结合,可进一步提高频率效率。

(3)对于低功耗大连接场景来说,其面临的挑战主要是海量设备连接、超低的终端功耗与成本。首先,利用新型多址技术使多用户信息实现叠加传输,使系统的设备连接能力成倍提升,同时,还能通过免调度传输使信令开销和终端功耗不断下降;其次,F-OFDM和FBMC等新型多载波技术的使用可以降低功耗与成本,使碎片频谱得以灵活应用,为窄带和小数据包提供支持等。另外,终端直接通信(Device-to-Device,D2D)可缩短基站与终端间的传输距离,降低功耗。

(4)在低时延高可靠场景中,为了满足极高的时延与可靠性要求,要尽量降低空口传输时延、网络转发时延及重传概率。要使用更短的帧结构,性能更好的信令流程,引入新型多址和D2D等技术,减少信令交互和数据中转,并使用先进的调制编码和重传机制,使数据传输的可靠性得以有效提升。另外,在网络架构方面,控制云通过对数据传输路径进行优化,控制业务数据无限接近转发云和接入云边缘,从而降低网络传输时延。

为满足2020年乃至以后的移动互联网与物联网的业务需求,5G将重点发力四个技术应用场景——连续广域覆盖、热点高容量、低功耗大连接和低时延高可靠,利用大规模天线阵列、超密集组网、新型多址、全频谱接入和新型网络架构等技术,延循新空口和4G演进两条线路，提升用户体验速率，保证用户可以在多种场景中享受到一致性的服务。

## 5G关键技术与网络架构

从技术特征、产业发展、标准演进三个方面来看，5G拥有两条技术路线，一是新空口，二是4G演进空口。

新空口路线的具体内容是面向新场景、新频段设计新空口，不考虑是否与4G兼容，通过设计新的技术方案、引进新技术来满足4G无法满足的需求，尤其是各种物联网场景与高频段需求。

4G演进路线的具体内容是以现有的4G框架为基础，引入新技术，在保障与4G兼容的前提下进一步提升系统性能，满足5G场景与业务需求。

另外，在移动通信领域，无线局域网已成为重要补充，在热点地区实现了广泛应用，主要功能是数据分流。从2014年开始，下一代WLAN标准（802.11ax）制定工作开启，计划在2019年完成。未来，下一代WLAN将与5G实现深度融合，共同为用户服务。

现阶段，世界各国的移动通信行业都在呼吁制定全球统一的5G标准。国际电信联盟开始对这一问题进行研究，并制定了明确的IMT-2020（5G）工作计划，IMT-2020国际标准前期研究，5G技术性能需求和评估方法研究，5G候选方案征集启动等工作均已按时完成，只待2020年底完成整个标准的制定。

在国际移动通信行业，3GPP是一个主要的标准组织，在5G国际统一标准制定过程中，该组织主要负责5G国际标准技术内容的制定。人们普遍认为3GPP R14阶段是启动5G标准研究的最佳时机，R15阶段适合5G标准工作项目启动，至于5G标准的完善，则需要放在R16及以后。

5G技术创新有两大来源：一是无线技术，二是网络技术（见图1-2）。

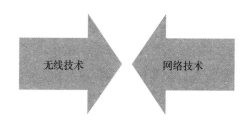

图1-2　5G技术的两大创新来源

★在无线技术领域：目前，业界的主要目光聚焦在大规模天线阵列、超密集组网、新型多址和全频谱接入等技术领域。

★在网络技术领域：在软件定义网络、网络功能虚拟化的基础上构建起来的新型网络架构已获得广泛认可。除此之外，5G还有一些潜在的无线关键技术，比如基于滤波的正交频分复用、滤波器组多载波、全双工、灵活双工、终端直通、多元低密度奇偶检验码、网络编码、极化码等。

◆ 5G无线关键技术

5G无线的关键技术主要包括大规模天线阵列、超密集组网、新型多址技术、全频谱接入等（见图1-3）。

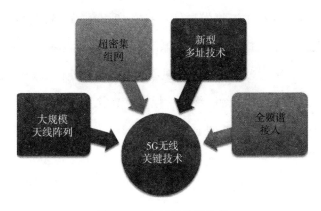

**图 1-3　5G 无线关键技术**

（1）大规模天线阵列。

大规模天线阵列以现有的多天线为基础，通过增加天线数量，可为数十个独立的空间数据流提供支持，使多用户系统的频谱效率得以大幅提升，使5G系统容量与速率需求得到极大满足。大规模天线阵列的应用需要解决很多关键问题，比如信道测量与反馈、参考信号设计、天线阵列设计、低成本实现等。

（2）超密集组网。

超密集组网通过增加基站部署密度可在很大程度上提高频率复用效率，但考虑到频率干扰、部署成本、站址资源等问题，在一些热门区域，超密集组网可使容量提升百倍。对于超密集组网来说，干扰管理与抑制、小区虚拟化技术、接入与回传联合设计是非常重要的研究方向。

（3）新型多址技术。

新型多址技术通过发送信号在空/时/频/码域的叠加传播，可在很大程度上提高多场景下系统频谱的传播效率与接入能力。除此之外，新型多址技术可实现免调度传输，使信令开销大幅下降，接入时延大幅缩短，终端功耗有效节省。

目前，关于新型多址技术，业界提出了多种技术方案，比如以多维调制和稀疏码扩频为基础形成稀疏码分多址（Sparse Code Multiple Access，SCMA）技术，以非正交特征图样为基础形成图样分割多址（Pattern Division Multiple Access，PDMA）技术，以复数多元码及增强叠加编码为基础形成多用户共享接入（Multi-User Shared Access，MUSA）技术，以功率叠加为基础形成非正交多址（Non-Orthogonal Multiple Access，NOMA）技术等。

（4）全频谱接入。

全频谱接入通过对高低频段、授权与非授权频谱、对称与非对称频谱、连续与非连续频谱等移动通信频谱资源进行有效利用，使数据传输速率与系统容量得以有效提升。6GHz以下频段信道的传播特性比较好，可以作为5G优选频段；6GHz～100GHz高频段的空闲频谱资源更丰富，可以作为5G辅助频段。

◆ 5G网络架构

5G网络是在SDN（Software Defined Network，软件定义网络）、NFV（Network Function Virtualization，网络功能虚拟化）和云计算技术的基础上建立起来的网络系统，具有更灵活、更智能、更高效、更开放的特点。中国电信在业内率先提出5G"三朵云"的网络架构，分别是接入云、控制云和转发云（见图1-4）。

**图1-4　5G"三朵云"的网络架构**

（1）接入云。

融合了集中式的无线接入网和分布式的无线接入网架构，支持多种无线制式的接入，适合多种回传链路，组网部署更灵活，无线资源管理效率更高。

（2）控制云。

可以对全局或局部的会话进行控制，保证移动管理与服务的质量，构建面向所有业务的网络开放接口，满足不同业务的开展需求，提高业务部署效率。

（3）转发云。

以通用的硬件平台为基础，在控制云高效率的网络控制与资源调度下，促使海量业务数据流实现高效率传输，缩短数据传输时延，均衡负载，保证数据传输的可靠性、稳定性。

对于移动网络来说，在"三朵云"基础上构建的新型5G网络是未来的发展方向。但在实际发展过程中，5G网络不仅要满足未来业务、场景需求，还要对现有的移动网络的演化路径进行充分考虑。在从局部变化到全网变革的过程中，5G网络架构会在某个时期处于中间阶段，通信技术与IT技术的融合会逐渐从核心网延伸向无线接入网，最终推动整个网络架构实现整体演变。

# 1.2 智能时代：5G深刻改变社会

## 衣食住行，一切皆智能

一个夜深人静的夜晚，程序员小王敲下最后一段代码后，长出一口气，经过一周的加班加点，终于赶在中秋节前完成了客户的"加急"项目。小王做了一个想要喝水的手势，十几秒后，一位AI机器人便为他端来一杯他最爱喝的炭烧咖啡，在小王安心喝着咖啡的同时，他的专属自动驾驶汽车正在赶来接他回家……

第二天上午，小王被智能台灯播放的《天籁森林》叫醒，接着窗帘自动开启，一抹和煦的阳光洒向地板，温暖的味道随之弥漫开来，困倦一扫而光。当小王走到卫生间时，智能家居控制系统自动调好了水温、灯光，并准备了洗漱用具。小王洗漱完毕后，智能家居控制系统已经分析完了他的体检数据，并将电子报告单发送到了小王的电子邮箱。

吃完智能家居系统准备的早餐后，小王整理行李准备启程回老家看望父母，打开房门后，自动驾驶汽车已经从车库自动行驶到楼下。小王通过语音输入目的地和路线偏好（时间最短、避免拥堵、观景路线等），自动驾驶汽车便载着小王开启返乡旅途。

小王的上述智能生活场景正在成为现实。5G、AI、AR/VR、物联网等高科技技术的快速发展，将带领人类开启智慧生活时代。5G将在教育、医疗、交通、饮食、文娱等领域影响人类生活。那么，在与人类日常生活息息相关的衣食住行领域，5G又将对人们的生活产生怎样的影响呢？

### ◆衣：买衣服将成"私人定制"

5G时代，将会创造出全新的购物方式，选购衣服时，人们将不再局限于传统服装店和网店渠道，而是有更多的选择。

满足消费者的试穿需求，是实体服装店的一大显著优势。不同个体在身高、体重、审美观念等方面存在一定差异，在实体服装店中实际试穿服装，可以让人们直观地感受服装效果。但实体服装店由于经营成本较高，再加上产品流通过程中的层层加价，导致产品售价普遍较高。同时，实体服装店为避免库存风险，往往会控制产品型号（如主要采购标准尺码、流行颜色与款式等），从而限制了顾客的选择空间。

从网店购买服装非常方便快捷，可随意选购各式各样的服装，而且价格较低，但弊端在于不能试穿，无法实际感受其颜色、材质等。同时，商家为了促进产品销售，普遍在宣传图片、视频中对产品进行美化。这种情况下，消费者从网店中购买的服装产品可能和心理预期存在较大差异，虽然大部分网店也提供退换货服务，但很多顾客不愿浪费时间、精力，只能告诫自己下次不要再从这家店铺购买。

5G时代来临后，VR试穿有望实现大规模推广，消费者可通过专业设备足不出户"试穿"各类服装产品，而且智能试穿系统会记录消费者的尺码、着装偏好，并结合时尚潮流，为消费者定制设计服装产品，消费者确认购买后，智能试穿系统便可向厂商自动下单，一段时间后由智能机器人为消费者送货上门。

#### ◆食：一个人人参与的餐饮网络

传统餐馆的主要价值在于提高了厨师资源利用效率，使人们不需要自己做饭也能吃到美味可口的食物，但传统餐馆受地域限制，只能服务周边顾客，虽然有汽车、地铁、飞机等交通工具，但如果没有特殊需要（如宴请朋友、招待贵宾等），人们还是主要在周边餐馆就餐。不过，去餐馆就餐需要耗费较高的时间成本，遇到高温、雨雪、大风等恶劣天气时，去餐馆就餐更是需要很大的勇气。

移动互联网时代，美团外卖、饿了么等外卖平台的出现，使人们可以线上订餐，节约了人们的就餐时间成本。但外卖平台服务费、配送费等，使价格明显提高。同时，餐馆入驻外卖平台门槛很低，食品质量安全得不到有效保障。

5G支持海量设备连接，使海量餐饮数据的高效传输与处理成为可能。利用算法模型，大数据餐饮平台可自动分析消费者的饮食习惯、就餐时间等，从而为餐馆制作菜品提供有效指导，甚至所有会做饭、有时间做饭的人，都可加入餐饮网络中成为食物供应者。

想象一下，未来，当你计划日程表时，只需要提前计划好就餐时间及想要吃的食物，大数据餐饮平台即可将安排合适的餐馆或个人为你制作，到了吃饭时间，会有智能机器人自动将食物送到你手中。

◆住：智能家居将全面普及

近几年，智能音箱、智能空调、智能冰箱、智能电视等智能家居产品大量涌现，给人们日常家居生活带来了诸多便利。不过由于4G技术在传输速度、网络带宽等方面的不足，现有智能家居产品的功能和服务仍有很大的改善空间。步入5G时代后，将会有越来越多功能丰富、提供人性化与个性化服务的智能家居产品走进人们的日常生活。

在5G时代，智能家居产品将自动根据人的日常作息习惯，自动化、智能化、协同化工作，不需要人主动设置各类参数，智能家居产品自动利用智能算法确定工作模式、工作状态等。当你坐在沙发上享受惬意的周末时光时，客厅中的音箱、空调、电视、窗帘、空气净化器等智能家居设备将自动工作，为你创造最为舒适的家居体验。

### ◆行：无人驾驶将真正实现

无人驾驶无疑是人工智能领域最热门的话题之一，但在4G时代，真正意义上的无人驾驶很难实现，因为无人驾驶依赖高精地图数据以及车辆高速行驶过程中对周边车况的实时感知与分析能力，而这些是4G网络无法为无人驾驶汽车提供的。

5G使信息传输效率进一步提升，大幅度降低无人驾驶汽车控制系统和各执行单位的时延，使无人驾驶汽车真正具备落地可能。

在传统有人驾驶模式中，可能会出现驾驶员疲劳驾驶、饮酒及醉酒驾驶、无证驾驶，以及不遵守交通规则等，从而引发一系列交通事故，既不利于保障人身及财产安全，也降低了通行效率。而由5G支持的无人驾驶汽车可以有效解决上述问题，而且车辆可由城市大交通平台统一协调，为破解停车难、停车贵，以及打车难、打车贵等行业痛点提供了新的思路。

就像上文描述的程序员小王结束了一天繁忙的工作后，他只需要告诉手机上的智能助手要打车回家，当他走出公司时，无人驾驶汽车已经停在路边等待。同时，小王不仅不需要亲自驾驶汽车，还能在车内随意休息。对于女性乘客，也不用担心乘车安全问题，无人驾驶汽车可安全、高效地将她们送往目的地。

## 智慧家庭与"客厅经济"

随着第五代移动通信技术（5G）实现规模化商用，5G将脱离虚无的概念落地为实实在在的应用。未来，5G将如何改变人们的生活呢？随着5G技术不断发展，未来的智能家庭或许会将各个生活场景无缝衔接在一起，比如你正在看一档非常喜欢的节目，但突然有一些饥饿感，此时，你拿起遥控器对着电视机说"我饿了"，电视机会立即识别主人的信息，将冰箱现有的食材通过电视屏幕呈现出来，并主动询问"主人要吃什么呢？"在你报出菜名之后，电视机会对相应的食谱进行分析，如果冰箱中没有需要的食材，就会自动下单购买。无人机会在5分钟内将相应的食材送货上门。如果你不会烹饪，电视机还会自动连线你喜欢的烹饪大师，大师会"面对面、手把手"地教你烹饪美食。

而这样的智能家电不只是电视，在5G技术的赋能下，全屋电器都有望变成"机器人"。但作为家庭智能生态的中心，电视机将成为智慧家庭最理想的输入口与输出口，成为整个智慧家庭的"大脑"。

所谓"智慧家庭"，是指将家庭环境感知、家人健康感知、家庭设备智能控制、家居安全感知、居家生活（文化娱乐、购物消费）等相结合，为用户提供安全、舒适、便捷、个性的居家服务。

2016年底，工信部、中国国家标准委联合发布《智慧家庭综合标准化体系建设指南》，为智慧家庭建设提供了统一标准，对推动智慧家庭产业规范发展、创新服务模式、带动相关产业转型升级等提供了强有力的支持。智慧家庭典型生态体系主要包括技术、产品、服务三个层面（见图1-5）。

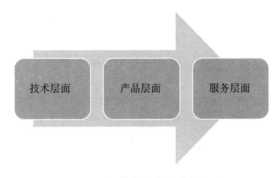

**图1-5　智慧家庭典型生态体系**

（1）在技术层面。

智慧家庭需要基于物联网、宽带网络，利用大数据、云计算、移动互联网等新一代信息技术，推动人与家庭设施双向互动，自动化、智能化地满足人们的家居生活需要。

（2）在产品层面。

智慧家庭产品类型多元、相互连接、操作智能化，是人们获取智慧家庭的服务的重要载体，也是技术服务商、智能家居设备开发商与零售商等获取用户数据的有效工具。

（3）在服务层面。

智慧家庭借助家庭内部、家庭和社区，以及家庭和社会之间的沟通交互，为海量家庭提供集文娱、生活消费、社区公益等多种服务为一体的智慧生活解决方案，迎合了人们追求安全、舒适、便捷的现代家庭生活方式的主流趋势。

中国电信充分利用其交互式网络电视业务积累的海量用户资源，稳步推进智慧家庭生态圈建设；中国联通在全国范围内实施光纤改造工程，并上线智慧沃家业务，实现智能手机和家庭固网宽带融合，以视频业务为切入点，为用户打造"智慧沃家"家庭应用场景解决方案；中国移动对家庭通信、家庭娱乐、信息服务、生活应用进行整合，推出家庭娱乐解决方案"和·家庭"，打破空间、设备、接入方式等方面的限制，让广大用户都能享受到方便快捷的智慧家庭服务。

5G网络的快速普及将在一定程度上颠覆人们现有的生活方式，给人们生活带来质的改变。在5G网络的支持下，智能家庭设备将实现智能互联，辅之以AI技术，人们的日常生活将实现智能化。作为一种非常重要的智能终端，电视将成为家庭中人机交互的一大窗口。在5G技术的支持下，电视的画质将变得更好，清晰度、智能化程度都将得以大幅提升，从而催生一种新的经济形态——客厅经济。

目前，彩色电视的分辨率不断提升，已经达到了全高清的水平。在我国，4K电视的销量在电视总销量中的占比达到了65%，4K已成为中高端电视的标配。同时，分辨率更高的8K电视也已经进入家庭，未来，8K会成为主流分辨率，被应用于各领域的显示终端。但在此之前，必须实现5G网络的普及应用，因为8K需要5G网络解决传输问题。

一段时长3分钟的分辨率为7680×4320的视频大约要占用10GB的存储空间，给蓝光光盘、网络带宽都提出了巨大的挑战，更不用说有线电视信号了。再加上，虽然我国4G网络的信号比较快，但用户体量庞大，无法满足用户对网络传输速度的要求，只能寄希望于5G。因为5G的传输速度非常快，峰值速率可达20Gbps，每平方公里可链接100万台设备，链接延迟只有1毫秒，给8K视频的在线传输与播放提供了一定的可能。

随着5G商用的推进速度越来越快，已经在8K硬件、大数据、物联网等领域完成产业链布局的夏普可谓如鱼得水，以8K为切入点，以5G为纽带，构建了一个系统、完整的人工智能物联网，满足了众多用户对理想生活的需求。除此之外，夏普将8K技术应用于其他领域也取得了不错的成绩。

5G技术的落地应用将给人们带来更好的联网体验，让人们可以更高效地和其他人与物互联互通，让人们可以随时随地了解生活用品储备情况；下雨天自动关好窗门；下班回家前空调便已开始工作，自动调节室温；定期向人们随身携带的智能手机发送家庭成员健康报告等。

## 5G智慧旅游新体验

2018年12月26日，红旗渠景区和中国联通联合宣布，在红旗渠景区率先建成5G创新应用示范基地，并推出了"5G+AI旅游服务""5G+AR慧眼""5G+全景直播""5G+社交分享"等智慧旅游应用场景。

5G技术可以更好地满足高清视频直播、虚拟现实场景打造等需求。通过5G、AR/VR、移动互联网等技术，游客可以随时随地体验"人工天河"的壮美，认识并学习红旗渠精神的内涵。目前，红旗渠两大主流景点"青年洞"与"千名铁姑娘打钎"旧址已经全面覆盖5G信号，游客可以通过VR眼镜感受30万林州人民在太行山悬崖峭壁上修建"中国水长城"的场景。

通过高科技赋能景区，让游客更加深刻地认识红旗渠精神，对红旗渠精神的孕育、形成、发展过程进行全面回顾和展示。红旗渠景区配备了具备摄像功能的无人机，可以利用5G技术获取各景点的实时画面，让游客可以在线上欣赏红旗渠风景。同时，红旗渠景区建立了一套覆盖全景区的智慧鹰眼系统，该系统应用人脸识别技术对景区人员的身份进行自动识别，切实提高了红旗渠景区的安全管理水平。

中国联通在数据资源方面积累的领先优势，可以让红旗渠景区通过数据采集、分析为旅行者描绘立体化的用户画像，从而更精准、高效地为旅行者提供优质的服务。

未来，红旗渠景区将在中国联通等合作伙伴的扶持下建立涵盖旅游管理部门、旅游企业、旅行者的旅游信息化系统，将旅游管理、旅游营销、旅游服务等融为一体，为向智慧旅游转型奠定良好的基础。

智慧旅游利用 AR/VR、物联网、大数据等技术，对旅游物理资源和信息资源进行充分整合和开发，增强旅游体验、提高产业发展水平、加强行政管理，为个体与组织提供全新的旅游产品和服务。智慧旅游系统具备实时感知旅游者、旅游资源、旅游活动、旅游经济等各维度信息的能力，能够对这些信息进行实时发布，让大众可以合理安排时间，制订更加合理的旅游计划，推动旅游产业稳定增长。

5G技术的商业化应用使智慧旅游发展进程进一步加快，催生了多个智慧旅游探索项目，不仅推动了旅游产业快速变革，还对旅游消费端产生了重大影响，具体表现在以下两个方面（见图1-6）。

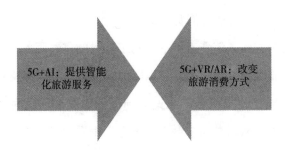

**图1-6   5G对旅游消费的主要影响**

### ◆5G+AI：提供智能化旅游服务

在供给端，5G与人工智能技术的广泛应用将对旅游服务的产出方式造成影响。例如，很多旅游区、酒店将使用智能机器人为游客提供服务，使服务产出效率得以切实提升，使服务品质保持高度稳定，并使人工成本大幅下降。

旅游景区引入VR、AR等技术之后，展示内容的方式将变得更加丰富，同时，各种智能科技的应用也将催生新的产品形态。对于在线旅游来说，借助5G网络，相关企业可以利用更多元化的方式展示服务，真正做到实时为用户提供服务。更重要的是，在5G网络的支持下，面向用户行程的实时服务将获得良好的技术支持。

### ◆5G+VR/AR：改变旅游消费方式

旅游消费属于一种低频消费，对于消费者来说，每一次旅游都要付出一定的时间成本与金钱成本，所以，消费者往往会非常谨慎地制定旅游消费决策。进入5G时代之后，消费者可以在出游决策阶段获得更多智能科技层面的支持，例如VR/AR等技术，从而获得身临其境般的消费体验。

在出游方面，消费者将享受到多场景的实时服务，并且可以将服务体验实时分享出去，可以随时随地体验到智能交通、智慧景区、智能住宿等服务，无论遇到任何问题都能随时请求远程协助。另外，从出游需求激发因素方面来看，进入5G时代之后，旅游IP将实现大爆发，IP生产速度将变得越来越快，生产形式将越发丰富，当前热门的旅游景点或将成为旅游产业链上的重要业态。

在社会休闲方面，进入5G及人工智能时代之后，机器人将承担越来越多的工作，在提升生产效率的同时，也会将人从繁重的工作中解脱出来。届时，人们将获得更多闲暇时间，对旅游消费提供更多需求。

在旅游行业，5G及人工智能有着非常广阔的应用空间，蕴藏着巨大的发展机遇，当然也面临着一系列挑战。为了更好地应对这些挑战，旅游企业要加快"互联网+旅游"的基础设施建设，做好技术储备，关注消费者的需求变化，保证发展方向始终正确，并积极做好服务创新与产品创新。

## 未来的智慧社区生活场景

小区各个入口安装高清摄像头，即便车辆驶出100多米，仍能清晰地识别车辆信息；如果某个年龄在70岁以上的老人24小时不出门，系统就会自动提醒社区的工作人员前去探访，以免老人在家发生意外；如果有人在社区某个偏僻角落遇到危险，只要发出呼救，其声音就能立即被系统识别，引来保安救援……这些场景绝不是设想，而是已经落地了的、真实的场景。

2019年7月，全国第一个"5G+AIOT（智能物联网）智慧社区"——海淀区北太平庄街道志强北园小区正式亮相。该小区全面覆盖5G网络，搭载了各种智能物联网技术，各项公共服务水平均得以切实提升，为小区居民创建了一个更加安全的生活环境，同时使社区管理更加简单、便捷。

走进志强北园小区的南门，可以看到门卫室的玻璃上贴着"5G+AIOT智慧社区机房"字样，大屏幕上显示着设备感知、消防感知、人脸感知、通行感知、周界感知、井盖感知、满溢感知、一键报警、盲点监控等内容。

在4G网络环境下，因为带宽有限，100M的宽带只能同时连接4路摄像头，而且画面经常卡顿。但在5G网络环境下，接入的摄像头增加到了二三十路，而且画面的清晰度、流畅度非常高。未来，随着智慧社区建设不断推进，接入的摄像头数量可达到上百路。

除5G网络外，志强北园小区还应用了很多智能物联网计划。比如，在幼儿园门口安装了两个可以对拍的摄像头，如果有人在幼儿园门口徘徊，系统就会发出警报。另外，如果小区垃圾桶出现满溢，小区的井盖发生位移，小区的摄像头也会自动发出警报。

志强北园小区的单元门全部安装了智能门禁系统，需要人脸识别，支持远程开门。为了让社区居民享受到更优质的服务，志强北园小区的社区服务站增设了两名机器人员工，一个政务机器人，可以为社区居民提供300多项政务咨询服务；一个警务机器人，可以为社区居民提供113项需要前往派出所办理事项的咨询服务。除此之外，该社区还为老年人配备智能手环等可穿戴监测设备，对老年人的身体状况进行实时跟踪，社区服务站的工作人员会根据监测数据有针对性地为老年人提供服务。

智慧社区是智慧城市的重要组成部分，是5G试点项目的一大亮点。借助物联网、云计算、移动互联网等新一代信息技术，智慧社区为社区居民提供了安全、舒适、便利、智慧的生活环境。随着智慧物业、智慧安防的推广应用，5G技术将为居民勾勒一幅美好的未来生活图景。

进入5G时代之后，智慧社区的产品种类将变得越发丰富，涉及的领域也将越来越广。下面的应用场景以AI技术为支撑，为社区居民提供安全服务（见图1-7）。

图1-7　"5G+AI"时代的智慧社区场景

◆**访客来访**

传统社区使用的是传统的磁卡，使用密码锁，不仅不安全，而且访客来访需要下楼开门，使用起来不太方便。随着新一代信息技术不断发展，借助人脸识别、车牌识别等AI技术，访客来访时，住户可以通过社区App向访客发送通行验证码，访客可以输入验证码开门，或者住户可以通过远程视频为访客开门。

◆**智慧养老**

进入5G时代之后，智能家居将实现飞速发展，智能门锁、智能电视、智能手镯、可穿戴智能设备等产品将相继诞生。以智能手镯为例，老人一旦遇到急事可一键报警，物业人员通过联动监控与现场图像监控，会立即赶到现场进行救援。

智慧社区建设离不开物业的配合，智慧物业的实现也离不开智慧社区平台的支持。只有在智慧社区平台的支持下，物业公司才能构建智慧社区生态系统，提高管理效能，实现信息化、智慧化。

◆**智能安防**

传统社区因为监管不严，经常发生盗窃案，给社区居民的财产安全、人身安全造成较大威胁。相较于普通的网络视频监控设备来说，AI视频控防设备的视频处理能力与分析能力更强大，可大幅提升视频控防系统的运作能力与效率，降低监控系统的成本，使视频资源的功能在最大程度上发挥出来。

AI视频控防"可以理解"的需求需要建立在"看什么，看得远，看得清"的基础上。只要非社区人员或警报人员直接进入数据库，控防系统就会自动向物业人员与保安发送报警信息。后端服务器与网络摄像机会自发地进行视频分析，将报警信息与画面传送到屏幕上，从而降低数据传输量，减轻存储器的负担。

视频人工智能技术可以代替人进行视频分析，从海量的视频数据中寻找有用信息，实现电子警察，人数统计，人群预警、跟踪、分析及车辆跟踪、分析等诸多功能，切实维护社区安全。

◆ 安全守护

以网络管理平台为依托构建智能门禁系统、车辆门禁管理系统、视频联网、人脸识别和云服务，搭建社区物联网，对信息资源进行共享，让信息资源实现标准化、统一化以及彼此之间的互联互通，并推动物联网安全社区管理服务系统的各项应用逐一落地。

通过这些系统建设，住户可以通过刷卡、扫描二维码、使用程序遥控等方式开门，出入变得非常方便。另外，在信息技术的支持下实现视频联网，可以对公安、物业、业主进行可视化管控。在社区及重点监控区域的出入口进行黑白表单识别、预警与关键报警，可以切实保障社区各类人员的出入安全，保障社区居民的人身安全与财产安全。

对于社区居民来说，安全感与幸福感非常重要。社区居民的安全意识往往比较高，包括消防安全、电力安全、出行安全、人身安全等。智慧社区创建一套更加智能的安全系统，可以对出入人员进行实时监控，及时发现突发事件，做好应急处理。

另外，借助各种先进技术，智慧社区可以对业主需求、物业需求进行整合，提升服务质量，降低服务成本，并利用一些硬软件解决业主与物业之间的问题，切实提升社区居民的满意度与幸福感。

## 1.3　赋能万物：5G与AIoT的碰撞

### "5G+AI" 的聚变与裂变

对于5G，人们的关注点大多放在速度上。事实上，传输速度快只是5G的特性之一，受益于这种速度产生的增强设备互联的能力才更值得期待。实现万物互联之后的群体优化与多角度数据来源将进一步加快人工智能与实体经济的融合，让5G在医疗、物流、市政等行业释放出更大的能量。

目前，各个行业都做好了准备，准备用5G技术颠覆行业。

5G与人工智能行业的结合有望组建人工智能体，使人工智能的规模效应得以进一步增强。

以京东为例，对于5G与AI来说，京东是一个非常广阔的应用空间。目前，京东的AI能力已渗透到了集团的全应用场景。未来，"AI+5G"不仅能帮助京东提升运营效率，带给用户更优质的购物体验，还能为零售业的智能化发展产生积极的推动作用。位于北京的京东总部是北京首批应用5G的办公园区，工作协同、AI、VR、测试等都在5G网络环境下进行。尤其是在物流领域，在5G网络环境下，机器之间可以互联通信，使物流成本大幅下降。在AI的支持下，单个互联极有可能发展为整体互联，爆发出惊人的效益。

2019年3月，京东物流宣布以5G技术为依托，通过AI、物联网、机器人、自动驾驶等智能物流技术与产品的融合应用，打造一个智能化程度高、可实现自动决策与一体化运行的智能物流示范园区，也是国内第一个5G智能物流示范园区，该示范园区的建成将对物流行业，乃至整个零售行业产生深远影响。

5G值得期待，但也存在一定的风险，企业必须认识到这一点。目前，5G面临的最大挑战就是跨界融合不充分，没有制定相关标准，运营商、设备商、工业互联网企业之间的行业壁垒较高，企业之间尚未形成相互融合、相互促进的产业形态等。面对这一系列问题，企业必须做好应对准备，也必须积极探寻解决方案。

5G不仅能提升网速，还能颠覆传统的思维方式、商业模式。在5G环境下，人工智能将迎来规模化、产业化发展的新机遇，无论在产业领域，还是在消费者体验方面，都将带给整个行业全新的思考。

◆ 5G+AI：赋能产业数字化变革

对于运营商来说，"5G+AI"赋能的产业有三类：一是行业应用，即2B；二是个人业务，即2C；三是家庭业务，即2H（见图1-8）。

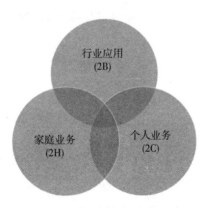

图1-8　"5G+AI"产业数字化变革

（1）行业应用。

在4G网络环境下，AI已经开始在为各行各业赋能了，但因为网络带宽、网络速率有限，一些对计算量、网络延时有较高要求的行业很难真正落地。比如，在4G网络环境下，无人驾驶很难真正实现无人驾驶。进入5G网络时代之后，AI技术可以在更多行业应用，催生出更加多元化的应用场景。

未来，在人工智能技术的加持下，行业应用将变得更加智能；在5G网络环境下，物与物之间的连接将更加紧密。以教育行业为例，人工智能可以为教师提供授课建议，帮助教师制定教学策略，5G则可以让偏远地区的学生接受最先进的教育，解决教育资源分配不均、教育不公平的问题。

（2）个人业务。

随着5G实现规模化商用，企业的服务内容将越发丰富，VR/AR技术将得以有效推广，人们有望获得比4G时代更丰富的网络内容。而借助AI技术，企业可以更深入地洞察用户的习惯和需求，为用户定制服务，让用户享受到更优质的服务。

（3）家庭业务。

随着AI技术不断发展，人机交互方式发生了巨大改变，逐渐从依靠键盘与屏幕交互发展为依靠语音交互。与此同时，终端产业也发生了巨大变革，未来的终端将打破手机、电脑的限制，任何可以接入互联网的设备都有望成为交互终端。5G则为未来万物互联的智能生活提供了最基础的网络支持，使智能终端产品变得更加丰富。

◆**产业互联网的"主战场"**

随着5G与AI不断融合，产业升级门槛不断下降，各个传统行业的数字化转型进程不断加快，发展方式也逐渐从过去的独立发展转变为产业互联网协同发展。随着5G实现规模化商用，5G与AI将成为传统行业发展的两大基石，成为推动行业变革的主要力量。所以，未来，对于5G与AI来说，产业互联网将成为主要竞争场地。

除产业互联网外，消费互联网依然有很大的发展潜力。在5G与AI技术的支持下，企业可以为消费者提供更丰富的体验内容、更多元化的交互方式、更完美的用户体验，消费互联网将实现蓬勃发展，在现有规模的基础上实现进一步增长。

与人们关系最密切的当属家庭互联网。近年来，人们越来越关注家庭生活的舒适与安全。未来，智能家居产品、家庭安防产品的市场空间将不断扩大。随着5G网络不断发展，AI技术持续提升，家居产品、智能安防产品的发展速度将越来越快。在"5G+AI"技术的支持下，万物互联的智能家居生活有望成为现实。

未来3～5年，"5G+AI"将覆盖实体经济的各个领域，渗透到生产生活的方方面面，使产业链与人工智能产业链的融合速度不断加快，抓住产业变革与实体经济发展的机遇迈进全新的发展阶段。

## 5G与AIoT开启万物智能

人工智能在人类生产生活各个领域的渗透程度日渐加深，不过大部分智能产品距离真正的"智能"还有很大的差距，但在5G商业化即将来临的背景下，困扰AI发展的数据传输、机器学习等问题有望得到有效解决，从而为人工智能在各行业的应用打下良好基础。

5G将使人类社会真正实现万物互联，在各行各业都有广阔的发展空间。5G与AI、物联网、边缘计算等新一代信息技术的融合应用，将促使信息通信产业迈向全新的发展阶段。

近年来，数字化技术引发了诸多行业的创新热潮，金融、保险、媒体等行业的数字化转型尤为迅猛，而零售、医疗健康、汽车电子等行业的数字化转型进程也在不断加快。以AIoT为核心的新兴技术是推动行业数字化转型的关键技术，这些技术的应用都离不开5G通信网络的支持。

5G之所以受到世界各国的高度重视，是因为它是一种具有跨时代意义的科技产物，它能够提供全空间的连接、超过光纤的传输速率，以及超越工业总线的实时能力。从诸多行业的发展实践来看，移动网络已经成为水和电一般的基础设施，为行业数字化转型提供了巨大推力，云AR/VR、智慧医疗、智慧城市、智能作业等诸多领域都将在5G时代爆发出惊人的能量（见图1-9）。

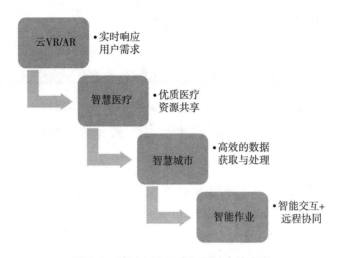

图 1-9　5G 与 AIoT 在各领域中的应用

## ◆云 VR/AR：实时响应用户需求

AR/VR 是一种颠覆实体世界和虚拟世界的黑科技，在消费者市场和产业市场都有广阔的发展空间。不过 AR/VR 对海量数据传输、计算和存储有着极大的需求，如果在用户终端满足这些需求，就需要终端设备具备极高的性能，使得用户使用成本大幅提升，不利于 AR/VR 产业的长期发展。因此，利用具备强大数据存储和计算能力的云端服务器来满足这些需求很有必要。

云 AR/VR 能够帮助厂商降低设备成本，让普通消费者也能享受到高质量的 AR/VR 产品与服务。将 5G 应用到云 AR/VR 领域后，可以利用 5G 网络的强大数据传输能力将海量数据快速传输到云端进行处理，并将云端处理结果、智能系统发出的指令等传输至终端设备，实现用户需求的实时响应。

### ◆智慧医疗：优质医疗资源共享

目前，我国医疗资源分布严重不均，医疗水平参差不齐，尤其是一些偏远地区严重缺乏医疗资源，因病致贫、因病返贫的现象层出不穷，给脱贫攻坚任务的开展造成了极大的制约。在此形势下，提高医疗水平，扩大医疗资源供给，将是有效解决以上问题的关键举措。

5G在医疗行业的应用可有效打破这种区域限制，创建远程医疗，让偏远地区的患者在千里之外与一二线城市的医生"面对面"沟通，在一定程度上解决医疗资源分配不均、医疗水平参差不齐的问题，真正实现"医疗+医药+医保"联动，使医疗质量得以切实提升，医疗成本大幅下降，为农村地区、偏远山区的患者看病难问题提供有效的解决方案。

另外，医院可利用5G创建5G智慧立体急救网络，通过AI技术的应用，辅之以智能监测，对突发病情做出准确识别，对急救资源进行快速、合理的调配。除此之外，5G网络还能实时调整急救路线，保证120急救车能以最快的速度往返。

### ◆智慧城市：高效的数据获取与处理

计算机在处理结构化数据时的效率和质量明显高于非结构化数据，但在我们的日常生活与工作中，大部分数据往往是离散、无序的非结构化数据。想要使人工智能真正为人类创造价值，就必须增强人工智能对非结构化数据的处理能力。将5G和AI结合后，将有望使智能设备的数据搜集和处理能力实现质的提升，交通、天气、地理位置、交易结算等与人们城市生活密切相关的数据都能被智能设备高效获取，从而为城市数字化、智能化建设提供强有力支持。

截至目前，在全球范围内，已启动的智慧城市建设项目达到了1000多个，这些项目主要集中在欧洲、北美、日韩等地区。2008—2012年，我国出现了第一次智慧城市概念导入浪潮。从2016年开始，智慧城市引起了国家层面的关注。目前，我国启动的智慧城市项目达到了500多个，形成了四个智慧城市群，分别是环渤海智慧城市群，长三角智慧城市群、珠三角智慧城市群和中西部智慧城市群。

### ◆智能作业：智能交互+远程协同

提高边缘设备性能，弱化对云端系统数据处理能力的依赖，是5G对人工智能的一大重要应用价值。5G时代，边缘计算将实现迅猛发展。而有了边缘计算的支持，无人机等人工智能设备可以快速了解自身的运行环境，和其他设备与系统进行实时交互并协同工作，为用户提供更为丰富多元的优质服务。

比如，勘测桥梁是无人机的一大主流应用场景，而传统无人机难以相互协调配合，单次作业仅能提供桥梁某一区域的数字图像信息，而有了5G的支持后，勘测团队便可同时控制多个无人机进行协同作业，在短时间内完成对整个桥梁的所有信息的全面获取。经过软件对这些数据处理后自动生成桥梁3D图像，从而为桥梁维修保养、消除安全隐患等提供有效指导与帮助。

## 5G边缘计算驱动工业物联

过去十几年，IT技术在发展过程中遇到很多困难，也进行了前所未有的革新。随着5G、云计算、人工智能、物联网等技术不断发展，接入互联网的设备越来越多，甚至达到了亿级。这些设备每分每秒都会产生大量数据。随着计算压力越来越大，边缘设备开始承担计算任务。在这种情况下，边缘计算应运而生。

很多人用章鱼来比喻边缘计算。因为在无脊椎动物中，章鱼的智商最高，60%的神经元都分布在那8条腿上，剩下40%的神经元分布在脑部。章鱼灵巧敏捷的动作在很大程度上取决于腕足之间的高度配合，而这种敏捷性正是因为神经元在腕足上的密集分布，使得腕足拥有高度环境感知与处理能力，行动时无须将感知信息传送到脑部，由大脑进行处理反馈。对于章鱼来说，它的每个腕足都相当于一个拥有算力的边缘节点，可对该腕足获取的信息进行高速处理，脑部则负责对这8个腕足进行协调。章鱼的这种脑群系统类似于分布式计算，而边缘计算就是一种分布式计算。

由此，我们可以总结出边缘计算的一个重要特征，即边缘计算是一种靠近终端的计算节点，可在终端进行数据分析与处理，对本地业务进行智能化处理，无须将数据上传至云端，等待云端的决策反馈，使边缘侧的自主事物处理能力得以大幅提升，让数据处理实现了即时化、智能化。

现阶段，集中式的云计算技术架构受到了严峻挑战。虽然云中心拥有强大的算力资源对海量数据进行处理，但网络带宽无论如何拓展都存在阶段性的边界值。一方面，带宽资源有限，另一方面，边缘侧海量数据的传输需求持续增长，二者就形成了一对不可调和的矛盾。另外，云计算对数据进行处理需要一定的时间，导致网络传输出现了一定的时延，这是很多应用场景都无法接受的。

由此可见，在未来的5G时代，云计算是一种应用广泛、贡献突出的解决方案，但它无法解决所有问题。尤其是随着联网终端越来越多，导致边缘侧数据呈现爆发式增长，致使数据在边缘侧的分析、处理与存储需求越发明显。在这种情况下，云计算需要一个辅助工具来帮它解决这一问题，共同为5G时代的到来打好基础。

作为一种小型数据中心，边缘计算要尽量靠近终端，以便使访问速度与性能得以双重提升。物联网应用不断增长，刺激边缘计算产生了更多需求，需要边缘计算的物联网设备也越来越多，小到一个安防摄像头，大到一个工业设备网关，都需要借助边缘计算来进行信息沟通与交流，开展协同运作。

边缘计算就像人的神经末梢，可以直接处理一些简单的信息，将复杂的信息传输至云端。与人类对简单处理的记忆相似，边缘计算可以通过上传提取到的特征数据进行追溯。就像人类需要神经末梢式的应对一样，所有物联网设备都需要配备边缘计算，以实现万物互联。

无论是对数据有实时处理需求的车载终端，还是联网电梯、高速运转的飞机、高生产速率的流水线，都需要边缘计算从安全、预测维护、个性化服务等方面提升用户体验，推动设备实现智能化升级。

目前，德国工业4.0、美国的工业互联网、中国的制造2025都提倡将信息技术引入制造行业，实现信息技术与制造技术的全面融合。面对海量异构数据及高时延、海量连接等问题，边缘计算可为用户提供对数据进行实时处理，削减冗余数据的服务。

比如，新华三的工业级物联网网关可以构建泛在化的感知与控制应用服务平台，再利用绿洲平台进行多元化配置，推动OT（Operational Technology，运营技术）业务顺利开展。在边缘计算应急处理能力的支持下，机器可以安全运转，人、机、物集成的工作场景可以顺利实现，从而使生产效率得以切实提升。

在工业领域，边缘计算可以将自动化控制与信息通信技术结合在一起构建智能化制造场景。在此情况下，施耐德、通用电气、霍尼韦尔、西门子等工业企业开始积极引入IT技术推动制造设备升级，使生产效率得以大幅提升。

这些企业将移动设备接入生产线，导致设备状态发生了较大变化，需要利用信息通信技术对设备进行实时动态网络重组。信息化技术的落地需要边缘侧网络与行业运维技术相结合，打破行业边界，让物联网实现互联互通。

对于物联网来说，横向发展通用计算能力、纵向整合垂直行业应用的边缘计算为其应用的落地提供了强有力的支持。除工业流程控制场景外，智慧城市、智慧家庭、智慧医疗等场景也都涉及边缘计算。例如，无线家庭路由器的升级、无人超市、无线接入点在城市各个角落的部署等。虽然边缘智能非常重要，但是仅依靠边缘智能无法构建一个完整的智慧场景，场景运营还需要对行业进行深刻理解，只有这样才能让用户享受到高质量的服务。

新华三医疗场景中的物联网 AP 就属于边缘侧智能化网关，该应用可对医疗数据进行筛选，将紧耦合连接的物联网数据封装起来发送出去，将松耦合连接的数据留存下来。

作为运营连接的绿洲平台则通过"公有云＋私有云"的模式，利用本地私有云对上传的数据进行存储，随时调用边缘侧网关运行参数进行维护管理，减少对公共网络带宽的占用，即便公共网络连接发生中断，绿洲平台也能实现自治。

共享单车也是边缘计算非常典型的应用。目前，新华三正在努力建设 Lora 网络，配备智能化网关以及车载 Lora+GPRS 双模通信模块，引入绿洲平台私有云的管理，为共享单车解锁慢、耗电快、数据安全性差、定位不准确等问题提供有效的解决方案。另外，边缘侧基站及物联网网关等分布式数据处理中心也为用户体验升级提供了支持与助力。

借助边缘计算，IT服务有望实现再拓展，实现数字化升级。在物联网布局中，通信厂商，芯片设计、数据服务提供商，模块制造商等都已开始在边缘计算领域布局。未来，边缘计算或许可以为企业提供数据运营服务，推动物联网应用更好地落地。

据预测，到2020年，全球联网设备与终端将达到500亿。除边缘设备与终端联网的异构性之外，产品生命周期缩短、个性化需求增多、全生命周期管理与服务趋势越发明显，这些都需要边缘计算从技术层面提供强有力的支持。

边缘计算需要IT管理与OT控制通过CT（Communication Technology，通信技术）连接实现融合。目前，物联网标准尚未确定，边缘计算又出现，在技术标准制定方面，各方都在争夺主导权。当然，这种情况也为各企业突破重围提供了良好的机遇。

那么，企业应如何结合自身的优势进行布局呢？首先，相关企业应积极构建边缘计算产业生态，解决云端与边缘侧的调度问题，搭建边缘设备信息交流平台，构建商业模式，制定特定协议等。新入局者也可以利用边缘技术发展新的应用，例如个人设备协同应用、车路协同应用等。当然，对于布局者来说，应用规模化也是其抢占市场的重要路径。

智慧产业的发展需要"云"与边缘计算共同发力。一方面，边缘计算可以采集数据，对数据进行预处理，提取数据特征将其传送至云端大脑；另一方面，边缘计算可以让各系统平台建立连接，让智能IT系统在各OT之间穿梭，为物联网应用的落地提供支持与助力。对于物联网来说，边缘计算是其实现普及应用的关键，这一点在应用效率、时间延迟、安全性等方面均得到了证实。

## TCL：全面布局"AI×IoT"生态

进入5G时代之后，人工智能、物联网等技术将实现进一步发展，人们关于智慧生活的构想将逐渐落地。在5G技术赋能下，网络飞速发展，互联网更强调人与物的全面互联，这些都打破了原来的技术屏障，引领物联网进入新纪元。

根据IDC预测，到2023年，中国物联网设备数量将增至74.8亿，年复合增长率将达到23.7%。在人工智能领域，借助新一轮政策支持，智能芯片、智能传感器等基础技术将实现进一步发展，2019年，国内人工智能市场规模将达到500亿元。在此趋势下，AIoT将实现迅猛发展。

2019年3月12日，TCL在上海举行2019春季发布会。在此次发布会上，TCL智能终端业务群围绕"Making Life Intelligent"主题推出TCL全场景AI，以及以"AI×IoT"为核心的"4T"场景化产品矩阵，在从全球家电第一阵营向全球智能科技领先公司转型的道路上更进一步。在发布会当天，TCL集中推出了多款全场景智能终端产品，这些产品覆盖了彩电、空调、冰箱、洗衣机、安防、健康、数码等多个品类，使日常生活场景下的智能硬件生态变得更加丰富。同时，在这场发布会上，TCL还推出了一些面向酒店、智慧园区的智能化解决方案。

TCL的CEO王成认为：TCL的智能化就是希望将所有家居产品全部实现智能互联与品类融合。随着生产技术不断提升，消费者对生活质量的要求越来越高，所有产品都有机会被重新定义。在"AI×IoT"技术的驱动下，家居产品将变得越来越智能，让用户感受到不同以往的使用体验。

在5G环境下，TCL在AI和IoT两大技术领域加大投入，面向未来的智能生活全面研发智能终端设备，以全场景AI开放式架构实现纵深布局，创建了4T场景化产品矩阵。这里的4T分别指T-Life、T-Home、T-Park以及T-LODGE，最终实现全时空、全场景、全用户覆盖，为用户创造一个融合连接的智慧生活。

TCL全场景AI在全场景下的多维度运用主要表现为AI赋能、全员AI交互、全时AI响应和全屋AI的融合。这样一来，全场景AI在搭建好基础层、系统层、交互层之后，就构筑了一个TCL全场景AI开放式架构，可以更深入地洞察用户需求，为用户提供更优质的智能生活服务。

正是基于对用户需求的深入洞察，TCL的智能产品不仅实现了全覆盖，还实现了在单个场景中的深度布局。以T-Life系列产品为例，XESS电动牙刷不仅频率高、振幅大、清洁能力强，而且续航时间长、颜值高，具有紫外线杀菌等功能，这些都体现了TCL在用户体验方面的精细打磨。除此之外，智能V脸射频美容仪、智能显示美妆镜、全系列TCL耳机等产品也带给用户全新的生活体验。可以说，TCL就是在深入研究用户生活的每一个细节，用技术为用户打造愉悦的智慧生活体验。

从农耕时代到工业时代，再到数字时代，生产方式、生活方式的每一次进化都会引发产业迭代，在各种红利的刺激下，企业竞争异常激烈。就像智能手机带来的行业洗牌一样，智能生活同样会颠覆原有的行业根据，引发一场大洗牌。

回顾那场由智能手机引发的洗牌运动，诺基亚、摩托罗拉等老牌厂商逐渐没落，高举创新大旗的苹果占据舞台中央，小米、华为等一批新玩家强势崛起，一个新的行业格局逐渐形成。与之相似，在未来的智能生活领域，以TCL全场景AI模式为代表的全品类整体解决方案提供商更有可能占据行业风口，在巨大的行业红利中巩固自己的地位。

现阶段，TCL已经从多个方面显现出了竞争力。首先，通过TCL电视、冰箱、XESS生态智能产品等4T场景布局，TCL显现出了硬件优势；其次，TCL对全球顶尖的智慧科技服务进行整合，通过对人们的潜在需求进行深入挖掘，为他们提供智慧生活解决方案，构建全场景AI系统。除此之外，TCL还与IMAX、腾讯等顶级内容平台合作，构建更坚固、更完善的内容生态壁垒。目前，在移动互联网应用平台，TCL已获得5.28亿用户，未来，在全场景布局与软硬件一体化的加持下，TCL有望进一步提升自己的竞争力，获得更多市场话语权。

站在全球视角来看，智能生活为中国品牌崛起提供了一个绝好的机会。借助新技术赋能，TCL等中国品牌厚积薄发，有望实现弯道超车，享受全球市场上的红利。

　　一方面，巨大的国内市场塑造了企业规模，同时锻炼了企业在供应链、产品、技术等领域的硬实力，促使国内厂商快速成长。作为国内终端厂商的一大代表，TCL在拓展国外市场方面积累了丰富的经验。2018年，TCL电视跃居全球出货量第二位。未来，TCL将把其在全球化研发、生产、销售等方面积累的经验与能力转移到智能生活领域，加快在全球市场的扩张，这一做法将给国内其他同类厂商带来启发。

　　另一方面，在拥抱新技术、迎合新趋势方面，中国品牌超越了很多国际品牌，最明显的案例就是在智能手机研发、5G标准制定、移动支付等领域，中国企业已经走在了世界前端。所以，在飞速发展的5G、AI、物联网等技术的赋能下，中国智能生活产业链将实现快速发展。如果TCL等厂商能够在全时间、全空间、全用户、全场景的AI应用领域持续发力，使智能生活场景得以进一步完善，深耕智能生活的整合服务，有望成为全球领先的智能生活服务提供商。

# CHAPTER 2
# 5G战略：全球竞争格局与路径

## 2.1 正在席卷全球的5G科技竞赛

### 中国

无论是政府、企业，还是科研机构都在着力推动5G的研发与应用，并积极参与国际5G标准的制定。目前，我国5G产业的发展水平处于世界前列，在5G标准制定方面也站在国际领先地位。

#### ◆政府层面

政府相关部门制定了5G发展规划，为5G技术的研发及应用提供了方向上的指导（见图2-1）。

**图2-1 政府层面的5G发展规划**

（1）从大局出发制定国内5G的发展规划。

《中国制造2025》表明，要从核心技术、体系架构方面促进5G网络的建设与发展；《"十三五"规划纲要》表明，要大力支持5G技术的发展，完善其网络架构，并计划到2020年实现5G商用落地。

IMT-2020（5G）推进组由工信部、国家发改委与科技部在2013年共同组建而成，致力于5G技术的研发及应用检测，通过与其他国家建立合作关系，共同在5G领域进行布局，促进国际5G标准的制定与产业化发展。

在研究5G的过程中，推进组取得了一系列成就，并推出《5G愿景与需求白皮书》《5G概念白皮书》等文件，对5G的核心指标、技术场景等做出了规定，其中一些指标已经得到了国际电联（ITU）的肯定。国家发改委出于推进国内信息产业发展的目的，在2017年末推出《关于组织实施2018年新一代信息基础设施建设工程的通知》，提出要加快建设新一代信息基础设施，积极开展5G规模组网建设。

（2）以国家重点项目为切入点，大力发展5G核心技术。

有关第五代移动通信的布局在"国家重点基础研究发展计划（973计划）"中已有提及。国家高技术研究发展计划（863计划）在2014年开始实施5G移动通信系统先期研究项目，以5G核心技术为中心推出了11个相关课题。

"新一代宽带无线移动通信网"国家科技重大专项于2016年

开始进行5G技术研发测试，现已顺利结束首期测试，完成了对5G核心技术的检验。

在2017年的国家科技重大专项里，有三个涉及5G的研发项目。目前，第二、第三阶段的5G技术研发试验均已顺利完成。由此可见，政府部门在5G网络发展过程中发挥着主导作用，国家重大科技专项有效推动了该领域的发展，IMT-2020推进组为具体项目的实施做出了重大贡献。

◆**企业层面**

在5G技术研发领域，部分国内企业很好地进行了布局。北京怀柔规划了世界上规模最大的5G试验外场，在30个站的外场建设中，诺基亚贝尔、华为、中兴、爱立信、大唐五大厂商合作建成15个站，为5G研发技术测试打下了良好的基础，促使整个产业链不断完善。

近几年，我国积极推进5G产品研发试验，大力促进5G试商用，并计划在2020年实现5G规模化商用的目标。另外，以中兴、华为为代表的国内龙头通信设备企业都致力于5G技术的研发与应用，并积极参与5G标准的制定，带动了整个行业的发展。

作为IMT-2020推进组的主要成员，中国移动、中国联通、中国电信为国内5G的发展做出了积极贡献。其中，中国移动在北上广、苏州、宁波开展的5G试验项目，完善了5G平台架构，与此同时，中国移动正积极建设5G试验网，不断推进5G的商用。中国联通制定了5G技术验证与组网验证规划，致力于拓宽5G试验的范围，不断扩大5G网络的商用规模。

中国电信在上海、苏州、深圳、成都、雄安、兰州开展了5G创新示范网试验，通过建设试验站来检验3.5GHz频段的无线组网能力。另外，中国电信积极联手其他企业探索5G创新示范应用，创办5G联合开放实验室，努力建设完善的5G生态链系统。

## 美国

目前，多个国家的政府相关部门、运营商，乃至国际标准化组织都在积极建设5G标准，如欧洲国家、美国、日本及我国都制定了5G频谱规划，带领世界各国的主流运营商纷纷加入5G领域。

国际电信标准组织3GPP RAN第78次全体会议于2017年末召开，此次大会发布了世界上第一个可商用的5G标准——5G NR首发版本。其发布标志着5G正式从学术研讨阶段跨越到市场化商用阶段。尤其需要关注的是，由中国移动主导的5G空口场景和需求探索工程已顺利结束，并制定了5G空口技术纲领性文件，给未来的技术开发与标准制定提供了标准化参考，不仅如此，中国移动还负责编订与公布该项目的协议。

评估机构的数据统计结果显示，到2021年底，提供5G服务的运营商数量将超过50家，覆盖大约30个国家。近几年，加入到5G网络布局的企业越来越多，不少运营商纷纷推出5G技术研发计划。可以说，5G已在世界范围内掀起新一轮热潮，以美国、日本为代表的发达国家都已在5G领域展开布局，致力于通过大力发展5G技术在国际竞争中掌握更多话语权。

美国在2016年就已完成5G的无线电频率设置，此后便开始积极推进5G的商用。不仅如此，美国政府还大力支持电信公司的5G项目，并启动了初期的5G试验。如今，以AT&T、Verizon、Sprint、T-Mobile为代表的美国主流电信运营商都已推出5G发展的初期规划（见图2-2）。

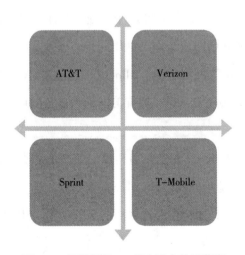

**图2-2　美国部署5G的主流电信运营商**

### ◆ AT&T

早在2017年，AT&T便在美国多个地区（如得克萨斯州的韦科市、奥斯汀市，印第安纳州的南本德市，密歇根州的卡拉马祖市等）进行了预标准5G固定无线实验，实验测试对象包括消费者及小型企业。

美国政府2018年3月出台了"*Ray Baum Act*"法案，该法案进一步拓展了5G可用频谱，并为无线频谱拍卖扫清了阻碍，涉及的5G投资高达1.3万亿美元。

为在美国市场夺得5G发展先机，AT&T2018年下半年在芝加哥、波士顿、洛杉矶、旧金山、亚特兰大、达拉斯等多个地区推出了5G业务。

### ◆ Verizon

2017年，Verizon成功在11个市场开展了5G居民应用试验，并和高通、爱立信达成合作，利用同步多天线等技术，提高网络速度，进一步扩大网络容量。Allnet Insights Analytics发布的调查报告指出，Verizon和AT&T拥有美国绝大部分的可用毫米波频谱授权。

2018年，Verizon首先在加利福尼亚州的萨克拉门托市部署5G网络，为当地市民提供5G居民宽带服务。据了解，该服务通过无线信号传输，用户可在物联网、虚拟现实、3D等应用场景中获得急速联网体验。

### ◆ Sprint

2017年，Sprint和高通、软银达成合作，联合开发基于2.5Ghz高频率的5G解决方案，预计在2019年下半年落地应用。在发展初期，Sprint计划通过部署2.5GHz Massive MIMO（大规模天线）来推进5G商用。同时，Sprint和爱立信、三星、诺基亚等巨头合作，探索基于2.5GHz频谱的5G NR端到端解决方案，比如Sprint

利用爱立信提供的Massive MIMO解决方案，扩大网络容量，提高数据传输速度。

### ◆ T-Mobile

2018年11月20日，T-Mobile宣布通过联手诺基亚，T-Mobile首次在600MHz超低频段部署了5G传输信号，截至当时，T-Mobile用于扩展LTE的600MHz基站已经部署在37个州和波多黎各。预计到2020年，T-Mobile将实现基于600MHz的5G信号在全美国覆盖。

## 欧盟

欧盟于2016年7月推出《欧盟5G宣言——促进欧洲及时部署第五代移动通信网络》，强调了5G网络在"单一数字市场"建设过程中发挥的重要作用，目的是确立欧洲在5G网络商用领域的优势地位。2016年9月14日，欧盟委员会制定了详细的5G行动计划，明确规定到2020年之前，每个成员国都至少选择一个主要城市完成5G部署，2020年所有欧盟国家完成5G测试，预计2025年，将5G信号覆盖到所有城区和铁路、公路沿线。

欧盟于2017年底制定了明确的5G发展规划，对5G发展的核心活动与时间进程进行了布局。在该规划中，各成员国在5G频谱的应用方向、电商运营商的频谱划分方面制定了统一的方案。计划到2020年，所有成员国都能完成至少一个城市的5G网络建设及应用，到2025年，所有成员国都能实现5G网络对核心公路、铁路的覆盖。

在参与新一轮工业革命的过程中，英国寄希望于5G的研发与应用，其5G创新中心"5GIC"早在2012年就已落成。之后，英国于2017年推出《下一代移动技术：英国5G战略》，从技术标准、频谱分配、应用示范、安全保障等角度出发制定了5G发展的布局方案，目的是发挥5G技术的应用价值，促进数字经济的发展，在该领域占据国际领先地位。近年来，英国政府正在积极推动5G网络的建设与发展，支持相关试用项目的开展，大力推动5G网络的推广测试。

2018年7月16日，法国政府公布5G发展路线图。该路线图指出，发展5G在提高公共服务水平、增强科技创新与工业经济竞争力方面具有重要价值，是提高国际话语权，满足广大消费者和企业泛在联网需求的必然选择。该路线图对法国未来几年的5G发展做出了明确规定（见表2-1）。

表2-1 法国政府公布5G发展路线图

| 时间 | 规划内容 |
| --- | --- |
| 2018年 | 法国在多个地区开展5G实验项目，成功孵化出一批具有世界一流水平的5G工业应用项目 |
| 2019年 | 法国进一步拓展5G网络可用频段，并上线首个兼容5G技术的设备 |
| 2020年 | 法国进一步完善5G牌照权责，分配新的5G频段，并至少在一个大城市实现5G商用 |
| 2025年 | 法国将使5G网络覆盖全国主要交通干道 |

同时，该路线图对法国率先推动5G商用的领域进行了明确，并强调将5G路线图和工业4.0、智慧农业、互联汽车等国家级重大战略融合，让法国在智慧工厂、智能制造、自动驾驶、车联网等领域具备更强大的国际竞争力。

和中国、美国等5G发展领先的国家相比，法国在5G方面的部署相对滞后，5G路线图的公布对加快法国5G部署进程具有非常积极的影响。

## 日本

2019年4月10日，日本政府电信监管部门为KDDI、NTT Docomo、乐天、软银四大移动运营商分配了5G频谱，并要求其在两年内实现5G网络在日本的全覆盖。目前，日本为5G提供的频段包括3.7GHz、4.5GHz、28GHz三种。从技术层面来看，频段越高，电磁波就越接近直线传播，绕射能力越差，衰减也越大。因此，5G网络使用28GHz及以上频段时，会对运营商的技术实力提出更高的要求。

从这四家日本运营商公布的5G计划来看，它们都是在2020年开始提供5G商用服务。未来5年，KDDI与NTT Docomo将在日本全境超过90%的区域部署5G基站。

日本政府鼓励这些运营商加快完善5G基础设施，不但要为城市提供5G服务，还要为农村提供5G服务。目前，日本面临比较严重的人口老龄化问题。为解决这一问题，日本法律规定企业有义务通过废除退休制、延迟退休年龄或引进继续雇用制度，雇用有意愿的雇员直到65岁。而发展5G有助于推动更多行业的自动化，解决劳动力短缺问题。

2018年5月，NTT Docomo和日本信息技术巨头NFC合作开展了一项实验，实验内容为对拥有128个元件天线的两个基站协调波束成形，并声称这是世界上首个成功的5G通信。

日本四大运营商对5G商用的侧重点存在一定差异，比如，NTT Docomo的重点是发展机器和设备的远程控制和远程医疗服务；KDDI的重点是生产设备远程控制和电话会议；软银的重点是建筑物和设施管理、自动驾驶汽车等。

2019年，NTT Docomo将在部分地区开展5G通信预商用。为此，NTT Docomo需要进行大规模的5G商业化测试，比如和企业、高校、政府机构等合作，进行远程医疗、办公自动化等方面的实验等。

2019年1月，NTT Docomo在日本和歌山县内高川町进行了5G远程医疗诊断测试。该测试成功利用5G模式将该地区患者高精度影像信息实时传输到30km外的和歌山县立医科大学，并利用高清电视会议系统帮助两地医生开展联合会诊。

NTT Docomo还计划在日本前桥市进行5G医疗急救实验，实验参与者包括前桥红十字医院、前桥消防局和前桥工科大学，实验内容为通过5G模式将事故现场患者高清图像实时传输至救护车和医院，让医生远程为现场人员提供指导，并在系统内导入患者电子病历，从而提高医生决策的合理性。

在移动办公方面，NTT Docomo 计划在日本德岛县神山町进行"移动办公车实验"，实验内容为利用5G模式将公司内部网络和车内网络相连接，让员工可以在车内与公司进行远程沟通。如果该实验测试技术能够全面推广，员工出差时可以在车内与公司相关人员开展高清电视会议，从而有效降低公司内部沟通的时间成本。

## 韩国

早在2013年6月，韩国就成立了5G论坛推进组5G Forum，并发布了5G国家战略和中长期发展规划。2013年底，韩国未来创造科学部公布5G移动通信先导战略，根据该战略，韩国在未来7年，将在5G技术研发、基础设施建设、标准建设等方面投资5000亿韩元（约合30.7亿元人民币）。

2014年，韩国政府发布未来移动通信产业发展战略，该战略围绕5G展开，计划为5G核心技术研发投入1.6万亿韩元（约合90.3亿元人民币）。

韩国在2018年平昌冬季奥运会上向世界展示了其5G发展的先进水平，奥运会活动全程使用5G网络服务，整个5G产业链由KT、爱立信、高通、英特尔、三星、思科共同组成，其中，KT与爱立信负责提供基站设备，高通与英特尔负责提供芯片，三星负责提供终端设备，思科提供数据设备支持，此次活动标志着韩国在5G大规模商用领域已经处于世界领先地位。

韩国政府大力支持，运营商、设备商积极创新，资源要素禀赋优势（人口分布集中、国土面积较小）等，使韩国在5G发展方面初步取得了良好效果。比如韩国是全球首个开启5G商用化服务的国家，也是首个同时为5G分配中频段和超高频段的国家。

KT在2018年11月开始部署商用5G无线网络，目前，该网络覆盖了韩国所有大城市与大部分主要城市、70个购物中心、464个高校。此外，KT还推出了5G直播服务。

截至2019年3月底，LG Uplus在首尔及其周边地区，以及部分大都市部署了1.8万个5G基站。而根据LG Uplus公布的计划，2019年上半年，LG Uplus将部署5万个5G基站。

韩国5G供应商巨头三星积极在韩国部署5G无线电基站，2019年4月，三星表示已经为KT、SK Telecom、LG Uplus建设了超过5.3万个无线电基站。同时，三星还为运营商提供虚拟化5G核心解决方案，通过非独立模式为4G LTE和5G服务提供支持，并积极利用软件更新迭代迁移到独立的5G服务。

三星通过和AT&T、Verizon、Sprint等美国运营商合作，共同推进5G的商业化应用。比如三星和Verizon联合开展5G新无线电网络测试、5G家庭服务测试等；三星和Sprint合作在芝加哥等地安装5G新无线电设备，提供Massive MIMO解决方案等。

2019年4月8日，韩国在首尔奥林匹克公园举行了纪念5G商用活动，韩国总统文在寅分享了基于5G的综合发展计划，并宣布在2022年之前投资30万亿韩元（约合1744.5亿元人民币），建立覆盖全国的5G网络。

## 2.2　深度剖析全球5G产业链布局

### 基带芯片

5G技术的蓬勃发展，对完善通信、芯片、终端应用、电子元器件等5G产业链产生了巨大的推动作用。5G产业链包括上游的基带芯片、基站射频，中游的网络规划、网络建设、网络维护，下游的产品应用等，参与主体包括基础网络设备商、无线网络提供商、移动虚拟网络提供商、网络规划/维护公司、应用服务提供商、终端用户等。此外，5G产业又与云计算、物联网、人工智能等产业存在密切关联。

5G核心产业链包括基带芯片、无线通信模组、射频芯片、光模块、系统集成等几个组成部分，下面我们首先对基带芯片产业链进行简单分析。

从技术架构角度上，基带芯片是一种用于对即将发射的基带信号进行合成，或者对接收到的基带信号进行解码的设备。在基带信号发射场景中，基带芯片可以将音频信号编译成基带码；在基带信号接收场景中，基带芯片可以将基带码解译为音频信号。

基带芯片可以对手机号、网址等地址信息，短讯文字、网站文字等文字信息，以及图片信息进行编译。不难发现，基带芯片可以为5G信号发射编译到接收解码的全过程提供强有力的支持。

波士顿研究机构Strategy Analytics发布的《2018年第一季度基带芯片市场份额追踪：三星LSI超过联发科》报告指出，2018年第一季度全球蜂窝基带处理器市场年同比增长0.3%，达到了49亿美元。高通、三星LSI、联发科、海思和UNISOC（紫光展锐）在全球蜂窝基带处理器市场中的收益份额位列前五，其中高通以52%的基带收益份额保持第一，其次是三星LSI和联发科，占比分别为14%和13%。

在技术实力方面，高通、英特尔、三星、海思拥有一定的领先优势，属于5G基带芯片技术的第一梯队，形成了对高端市场的垄断。联发科与UNISOC处于中低端市场，虽然联发科的综合实力要领先于UNISOC，但后者作为一家国产品牌，更容易打开国内市场。而且凭借低成本优势，UNISOC芯片在中低端智能硬件市场中有非常广阔的发展空间。

2018年6月28日，紫光展锐副总裁周伟芳表示："紫光展锐一直非常重视印度市场，从2009年就开始进军印度市场，在印度已经扎根近十年，跟当地的运营商、终端厂商和当地政府都建立了比较好的关系。目前，紫光展锐已经成为印度排名第一的手机芯片厂商，占据着40%的市场份额。"

在2019年世界移动通信大会（MWC2019）中，基带芯片厂商们相继公布了5G基带芯片计划及相关产品，比如高通宣布推出第三代5G基带产品，并展示了基于骁龙X50的5G手机；华为推出了第二代5G基带芯片，并展示了基于巴龙5000芯片的CPE（Customer Premise Equipment，客户终端设备）等。

## 无线通信模块

5G的全面商用将使数据传输速率、质量等实现大幅度提升。而无线通信模块是智能终端接入物联网的信息入口，在5G时代有着丰富多元的应用场景。无线通信模块属于一种底层硬件，它承担了对接物联网感知层和网络层的重要使命，赋予了终端设备传输联网信息的能力。

从功能层面来看，无线模块可以分为通信模块和定位模块两大类（见图2-3）。由于部分物联网终端不需要定位功能，因此通信模块比定位模块的应用场景更加丰富。

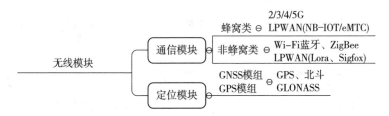

图2-3　无线模组功能分类

从应用场景来看，无线通信模块以蜂窝网模块为主，1G到5G使用的都是蜂窝网模块。不过，随着NB-IoT技术的快速发展，LPWAN模块（属于非蜂窝网模块，其他非蜂窝网模块还包括Wi-Fi模块、蓝牙模块、ZigBee模块等）也将进入快速发展阶段。在应用过程中，GPS模块、GNSS模块等无线定位模块通常与蜂窝网模块结合起来使用。

在产业链方面，基带芯片、射频芯片等原材料供应商位于无线通信模块产业链上游，下游是交通、市政等各垂直领域的终端客户。和很多产业类似，无线通信模块产业的中游也存在大量经销/代销商。大部分模块供应商的经营模式为自主向原材料供应商采购材料，控制产品设计和销售环节，将组装加工环节交给专业的第三方加工厂。

基带芯片是无线通信模块上游的核心部件，其成本占材料总成本的50%。无线通信模块上游产业集中度较高，存在较大的技术门槛，这也决定了高通、三星、英特尔、华为等基带芯片供应商拥有较高的话语权。

无处不在的物联网，为拓展无线通信模块产业下游市场提供了重大机遇。从物联网应用市场规模来看，无线通信模块下游应用市场可分为大颗粒市场和小颗粒市场。其中，大颗粒市场包括智能电网、智能车载、无线POS等，市场标准化程度较高，竞争非常激烈；小颗粒市场包括工业物联网、环境监控、资产追踪等，对研发能力有较高要求，毛利率较高。

目前，国际知名无线通信模块巨头主要包括Sierra、U-blox、TelIT等，其体量和盈利能力都远超国内厂商。国内领先的无线通信模块厂商包括芯讯通、移远通信、中兴物联、广和通等，虽然这些国内厂商的出货量不亚于国际巨头，但产品技术含量低，无力应对激烈的同质化竞争，导致盈利能力较差。

## 射频芯片

从本质上看，射频（Radio Frequency，RF）是一种高频交流变化电磁波。射频芯片是指能够将无线电信号通信转换为无线电信号波形，并利用天线谐振对其进行发送的电子元器件。

射频芯片架构由接收通道和发射通道两个关键部分构成。射频前端是射频收发器和天线等一系列组件，射频前端芯片具体包括射频开关芯片、射频低噪声放大器芯片、射频功率放大器芯片、双工器芯片及射频滤波器芯片等（见图2-4）。

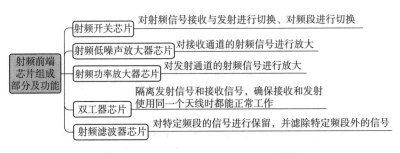

图2-4　射频前端芯片组成部分及功能介绍

（1）射频开关芯片的主要功能是对射频信号接收与发射进行切换、对频段进行切换。

（2）射频低噪声放大器芯片的主要功能是对接收通道的射频信号进行放大。

（3）射频功率放大器芯片的主要功能是对发射通道的射频信号进行放大。

（4）双工器芯片的主要功能是隔离发射信号和接收信号，确保接收和发射使用同一个天线时都能正常工作。

（5）射频滤波器芯片的主要功能是对特定频段的信号进行保留，并滤除特定频段外的信号。

在手机通信系统中，射频前端模块是核心组成部分，一方面，它为通信收发芯片和天线提供了连接通道；另一方面，它直接影响移动终端的发射频率、信号接收强度、通信模式、通话稳定性等，决定了用户能否获得良好的体验。

射频前端芯片的研发方向是提高性能、降低功耗和成本。通常情况下，处理器芯片升级的主流方式是持续缩小制程，比如将制程工艺从20纳米缩小到14纳米等。而射频前端芯片升级的主流方式是设计、工艺、材料创新等。

近年来，为满足手机等智能移动终端更高的性能要求，射频器件成本也在不断提升。以4G全网通手机为例，其前端射频套片的成本为8～10美元，所含射频芯片超过10颗，比如包括2～3颗射频功率放大器芯片、2～4颗射频开关芯片，以及6～10颗滤波器芯片。

5G时代到来后，手机中的射频套片成本会进一步提升，甚至可能高于手机处理器芯片成本。因此，未来，相关厂商需要在设计、工艺、材料方面积极创新。射频前端芯片市场由两大类市场构成：一是声表面波滤波器（SAW）、体声波滤波器（BAW）等基于MEMS工艺（微系统加工工艺）构成的滤波器市场；二是功率放大器（PA）、开关电路（Switch）等基于半导体工艺构成的电路芯片市场。

目前，SAW滤波器市场格局较为稳定，在全球范围内，TDK、Muruta、Taiyo Yuden三大巨头占据了超过80%的市场份额。与之相比，创业者和中小企业在BAW滤波器市场仍有一定的机会，而且近几年，BAW滤波器市场规模快速增长。根据市场研究机构发布的研究报告，BAW滤波器的核心技术被Avago、Qorvo垄断。

功率放大器市场可以分为终端市场和基站等通信基础设施市场。其中，终端功率放大器市场规模已经达到了百亿美元级，而基站功率放大器市场仅有6亿～7亿美元。

Skyworks、Qorvo、Avago形成了对终端功率放大器市场的垄断，在全球范围内，这三家企业占有的市场份额超过了90%。2015年3月，NXP收购飞思卡尔后，其在基站功率放大器市场所占市场份额超过了51%。国内领先的基站功率放大器厂商主要有迪锐克、唯捷创芯、中普微、国民飞骧、中科汉天下等。

## 光模块

5G时代的海量数据传输诉求为光模块的转型升级提供了巨大

的推动力。光模块是由光电子器件、功能电路和光接口等组成的模块，其功能是对光电进行转换，在发送端将电信号转换为光信号，经过光纤传输到接收端后，再将光信号转换成电信号。

光电子器件由发射部分和接收部分构成。其中，发射部分是通过内部驱动芯片对输入的一定码率的电信号进行处理，然后由半导体激光器（LD）或发光二极管（LED）发出相应的调制光信号。此外，发射部分内部还部署了可以提高光信号功率稳定性的光功率自动控制电路。接收部分是利用光探测二极管将一定码率的光信号转换为电信号，并利用前置放大器对电信号进行处理，最终输出相应码率的电信号。

在光模块诸多子器件中，光芯片是价值最高的部分，其成本可达光模块总成本的30%～50%，高端产品甚至可达50%～70%。光芯片及其上游材料市场技术门槛较高，高端市场被美国、日本等发达国家厂商垄断。光迅科技、昂纳科技、海信宽带是国内领先的光芯片厂商，不过它们主要聚焦低端市场。

光器件生产包括制造、设计、加工、组装等多个环节，涵盖了激光器、连接器、耦合器、检测器、放大器、分路器等诸多品类的产品。目前，国内厂商占有的全球光器件市场份额约为15%。从是否需要外部能源驱动层面来看，光器件可进一步细分为光有源器件和光无源器件，而国内厂商已经在光无源器件市场站稳脚跟。

## 系统集成与应用服务

在5G产业链中，系统集成和应用服务是下游两大核心环节，也是5G非常重要的应用场景，具体包括大数据应用、物联网平台解决方案、增值业务、系统集成与行业解决方案等。国内主流系统集成与行业解决方案厂商包括华为、中兴通讯、烽火通信、新华三等。

### ◆华为

华为是全球最大的通信设备商，在全球通信设备领域占有28%的市场份额，而且华为非常重视研发投入，已经建立了强大的核心竞争力。华为产品主要包括通信网络中的传输网络、交换网络、无线及有线固定接入网络、数据通信网络、无线终端产品等，可为全球通信运营商提供硬件、软件、服务与解决方案。截至2018年底，华为联手运营商打造了超过1500张网络，帮助30多亿人实现了连接。

### ◆中兴通讯

中兴通讯是全球领先的综合通信解决方案提供商，为全球160多个国家和地区的电信运营商和企业客户提供技术与产品支持，业务涵盖无线、有线、终端产品及专业通信服务，在通信设备研发生产，以及未来网络演进、分组核心网、SDN/NFV网络解决方案等领域投入了大量资源。

截至2018年底，中兴通讯拥有超过7.3万件全球专利、3.5万件以上的已授权专利。在国内市场上，中兴通讯和中国移动、中国联通、中国电信建立了长期稳定的战略合作关系，是仅次于华为的第二大通信设备巨头。

### ◆ 烽火通信

烽火通信是国内唯一一家集光通信领域三大战略技术（包括光通信系统、光纤光缆、光电子器件）为一身的科研与产业实体。2017年9月，烽火通信成功开展了560Tb/s超大容量波分复用及空分复用光传输系统实验，该实验使用了烽火通信自主研发的单模七芯光纤进行传输，传输容量是主流单模光纤传输系统最大容量的5倍，一根光纤上便可支持67.5亿对人（135亿人）同时通话。该实验的成功意味着我国在"超大容量、超长距离、超高速率"光通信系统研发领域已经达到了国际领先水平。

### ◆ 新华三

新华三集团（简称"新华三"）是业界领先的数字化解决方案供应商，产品涉及网络、存储、安全、服务器、IT管理系统、超融合系统等，可以为客户提供基于5G、物联网、边缘计算、人工智能、大数据、云计算等前沿科技的一站式、全方位数字化解决方案。

## 2.3 BAT的5G战略布局与行动路径

### 百度：深度布局"5G+AI"

随着5G手机、5G应用等产品进入公众视野，5G商业化距离我们越来越近。和AI、云计算等领域类似，面对5G的广阔想象空间，作为国内互联网企业典型代表，BAT在5G赛道上展开了激烈角逐。对BAT在5G的布局进行深入分析，可以发现，它们的主要战场集中于车联网、视频业务和边缘计算三大板块。

2019年3月，北京百度网讯科技有限公司（百度主体公司）变更经营范围，新增"经营电信业务""计算机系统服务""通信设备与电子产品的技术开发"等，显然，这种调整和百度布局5G存在密切关联。

对于5G，百度有着很高的期待。在从互联网向移动互联网转变的过程中，相比于阿里、腾讯的迅速增长，百度交出的答卷很难令人满意，因此，百度期望在5G时代能够一扫颓势，重返昔日荣光。

百度在AI布局方面拥有明显领先优势，而AI和5G具有天然契合性，二者的碰撞融合能够发挥"1+1＞2"的效果，百度也正是采用了5G+AI的布局策略。

与此同时，百度在人工智能、搜索、大数据等方面拥有的诸多优质资源，吸引了三大运营商的关注。目前，百度与三大运营商在5G领域已经建立了良好的合作关系，这也为百度发力5G带来了诸多便利。

2019年4月18日，百度和中国电信在京签署全面战略合作协议，共同挖掘5G、智能云、智能驾驶、智慧家庭、智能连接与搜索等领域的巨大商业价值。

从业务特性来看，百度和中国电信可以在5G、物联网、智慧家庭等领域实现优势互补。目前，双方已经在流量、IDC、边缘计算、DICT和云、智能音箱等领域进行了具体合作。

早在2018年6月14日时，百度便已和中国移动达成全面战略合作，共同探索5G、大数据、人工智能等前沿性领域。同年10月，百度加入了中国移动发起成立的"5G自动驾驶联盟"，一个月后，中国移动也成为百度Apollo自动驾驶联盟的一员。

长期以来，百度就与中国联通有着密切的合作，合作领域包括物联网、人工智能、大数据、通信基础等。2018年6月，百度和中国联通共同建立"5G+AI联合实验室"，共同研究推进5G和人工智能在各行业的融合应用。

不仅是电信运营商，百度还与英特尔、华为等在5G领域拥有领先优势的各路玩家进行合作，比如，2018年9月，百度和英特尔共同建立"5G+AI边缘计算联合实验室"，携手打造面向互联网的边缘计算统一平台OTE（Over The Edge），为5G落地提供强力支持；2018年10月，百度和华为在MEC（Mobile Edge Computing，移动边缘计算）平台技术以及MEC典型应用场景验证方面进行深度合作，共同开发支持电信MEC功能并满足互联网边缘计算应用需求的开放平台。百度和华为的合作也是电信设备商和互联网企业首次在5G MEC领域合作，对促进MEC产业走向成熟、商业模式创新等有着非常积极的影响。

## 阿里：打造5G商业操作系统

2008年后，淘宝用户激增、订单量迎来爆发式增长，为解决算力不足引发的交易效率低下、安全风险等问题，阿里巴巴开始组建技术团队研发云技术。但2013年以前，阿里云发展较为缓慢，投入巨资却做不出相应成绩，再加上当时人们对云计算的认知水平不足，使阿里云团队受到了很多质疑。

如今的阿里云已经取得巨大成功，根据前瞻产业研究院发布的2018年中国独角兽企业名单，上榜的中国企业共有203家，而阿里云估值高达710.77亿美元，占203家独角兽合计估值9394.16亿美元的8%。2018年，阿里云营收突破200亿元，成为亚洲最大的云服务商。

MWC（Mobile World Congress，世界移动通信大会）2018期间，阿里云和中国联通联合推出了网络加速产品"智选加速"，该产品建立在现行4G网络基础之上，利用4G QoS（Quality of Service，服务质量）加速能力为即时通信、大数据传输等场景需要提供支持。

2018年6月，阿里云在京发布IPv6（Internet Protocol Version 6，互联网协议第6版）解决方案，成为率先全面支持IPv6的国内云厂商之一，中国电信、中国移动、中国联通和教育网也参与了该方案。阿里云推出了一系列支持IPv6的服务，比如负载均衡SLB、云解析DNS、IPv6转换服务等，这对于阿里云布局5G、物联网等领域具有非常重要的意义。

　　2018年8月，阿里巴巴和中国铁塔签署战略合作协议，双方将在云计算、边缘计算、大数据等领域展开深度合作。具体而言，阿里巴巴将借助中国铁塔近190万个站址及配套设施资源，提高边缘计算能力，构建云边端协同一体化的云计算服务体系，实现万物上云，探索智慧交通、智慧城市、智慧农业等智慧转型解决方案。与此同时，阿里巴巴将借助中国铁塔的独特资源加快自身在5G、车联网、新能源、自动驾驶等领域的布局进程。

　　不难发现，5G和物联网的产业应用，是阿里巴巴未来的一项重要布局。在2019年4月24日举办的中国联通合作伙伴大会中，阿里云和中国联通达成合作，双方将在基于5G的超高清视频领域开展广泛的探索实践，尤其是对基于5G网络环境中的4K、8K超高清视频内容多路传输等开展测试和应用，有力地推动视频制作和创新，为用户创造前所未有的极致视听享受。

　　同时，阿里云还在大会上公布了边缘计算ENS联合容器服务，帮助企业级客户将业务部署到距离用户较近的边缘端，使其具备安全化、标准化、轻量化的计算、存储及网络能力。

　　5G将有力地推动物联网设备及其数据量的快速增长，智能穿戴、自动驾驶等行业将因此而广泛受益。为了给物联网终端客户提供安全、稳定、高质量的网络连接支持，阿里云开发了物联网无线连接方案，该方案在车联网、移动支付、数字传媒、环境监测、智慧农业、智能穿戴设备等领域有着广阔的发展前景。

　　综合来看，阿里巴巴在5G布局方面将重点关注5G+IoT，5G

的全面商业化对联网设备数据传输有着非常积极的影响，从而为阿里巴巴的新零售业务奠定良好基础。

## 腾讯：掘金产业互联网

2019年3月31日，中国 IT 领袖峰会在深圳举行。在这场国内重量级的科技盛会上，腾讯的CEO马化腾做了一场别开生面的演讲，演讲的主题为《5G 与 AI 推动产业互联网发展》，他认为5G商用可能会造就一个全新的产业互联网。目前，互联网产业与实体产业的融合速度越来越快，二者逐渐形成了一个命运共同体。在此形势下，很多企业都在进行数字化转型，腾讯也对自身的业务做了一些调整。

2019年3月，腾讯对经营范围进行了调整，其电信业务新增国内互联网虚拟专用网业务、国内多方通信服务业务和国内呼叫中心业务，其中，第一种新增业务属于第一类增值电信业务，后两种新增业务属于第二类增值电信业务。显然，这也是腾讯为5G布局而做出的调整。

2019年5月，腾讯举办了腾讯全球数字生态合作大会，其发言人在大会上指出，5G时代的腾讯，将为多元化的应用产品连接提供支持，争取在更多的应用场景体现自身的价值。以交通信号监控为例，腾讯将为交通信号监控提供通用场景探侦服务，而这种服务可以和很多垂直行业应用关联起来，大幅度提高腾讯的服务能力。

在此次大会英特尔分论坛中，腾讯未来网络实验室和英特尔联合宣布建立5G & MEC联合实验室，该实验室不但有助于腾讯研发5G新技术，更能帮助腾讯探索一系列的行业应用。比如，英特尔为很多行业公司提供硬件支持，腾讯可以尝试开发面向不同行业的技术解决方案，从而获得新的利润增长点。

近两年，腾讯未来网络实验室重点研发了车路协同等面向5G的应用场景，期望未来能够同时为B端客户和C端用户提供优质服务。

2019年5月17日，腾讯网游加速器和广东电信联合推出了业内首个游戏加速超体验的游戏宽带产品，可以为广大游戏用户解决游戏过程中的带宽不足、连接不稳定、网络延迟等问题。想要为游戏用户提供优良的网络体验，保障数据下载和上传速度非常关键，而腾讯网游加速器和广东电信联合开发的这款产品可以提供200M下行、100M上行的急速宽带服务。

泛娱乐崛起背景下，游戏边界将会得到极大地扩展，作为游戏巨头，可供腾讯探索的市场空间是非常广阔的。而网络是游戏的重要基础设施，推动5G在游戏产业落地应用，对腾讯扩大游戏版图尤为关键。

腾讯也与中国移动、中国联通等电信运营商进行了5G合作。比如2018年6月，腾讯和中国联通、华为等共同发布5G高清视频切片业务，推动实现5G切片包括业务定制、资源分配、网络构建、业务呈现等诸多环节在内的全生命周期管理。

腾讯云还在积极推进边缘计算在5G领域的开源，借助腾讯智能边缘计算网络平台TSEC，和合作伙伴共同完善5G应用生态。此外，腾讯还与诺基亚、大堂电信、中兴等在5G领域进行深度合作，共同探索5G技术及其应用场景。整体来看，腾讯在5G领域的布局采用的是将5G和其擅长的产品（如视频、游戏等）相结合，为B端客户提供行业解决方案，为C端用户提供极致产品与服务的布局策略，这也体现出了腾讯以产业需求为导向的发展理念。

### 点评：BAT的5G战略异同

从上述内容不难看出，BAT将车联网、视频业务和边缘计算作为5G布局的主战场。

业界普遍将车联网视作5G率先落地应用的行业之一，再加上汽车产业链有着非常大的延伸空间，如果可以在车联网领域取得较高话语权，将有机会实现迅猛发展。

而对于视频业务，5G的强大网络性能，使超高清视频传输速度、稳定性等得到大幅度提升。无论是人们的日常生活场景，还是学习与工作场景，都对超高清视频有着强烈的潜在需求，只不过目前因为技术条件尚不成熟、成本较高等，导致这种需求被压制，随着5G的广泛应用，这种需求将在短时间内集中爆发。

边缘计算是推动5G业务发展的重要支撑性技术。边缘计算能够增强AI和云能力，使5G的应用场景更为丰富多元。与腾讯、阿里巴巴相比，百度布局车联网的时间最早，而且是三家中唯一一个同时经营车联网和自动驾驶的公司。2014年，百度便开始研发人工智能和车联网技术及应用。2019年4月举办的上海国际汽车工业展览会中，多个国内外汽车厂商已经使用了百度自主研发的小度车载OS。

2019年5月，腾讯在全球数字生态大会智慧出行专场分论坛中公布了生态车联网方案，该方案集成了车载微信服务能力，可以为乘客提供海量的腾讯自有及第三方内容服务。

此外，阿里巴巴在车联网领域也投入了大量资源。2016年，阿里巴巴和上汽集团共同建立斑马网络公司，该公司全面对接阿里巴巴的优质资源，比如阿里云提供云服务，并为其开发了车型底层系统AliOS；基于淘宝账号建立车联账户体系；使用阿里巴巴金融体系完成支付等。

所以，尽管BAT都布局了车联网，但百度和腾讯与阿里巴巴的布局方向存在明显差异，而车联网又是一个市场空间非常广阔的领域，三方都有一定机会。阿里巴巴和腾讯的车联网布局存在一定重叠，腾讯的优势在于高活跃度、高黏性的亿级微信用户；阿里巴巴的优势在于三年时间的经验积累，产业生态逐渐完善。

视频、游戏是腾讯的主营业务，在布局5G过程中，自然也会受到腾讯的高度重视。为更好地迎接5G时代，腾讯将加快推进大数据、智能网络结构、云计算的融合应用，为用户创造立体化的沉浸式视频体验。

2018年9月云栖大会期间，阿里云推出了全球首个8K视频云解决方案，并和中国联通等多家企业建立8K产业联盟，这充分展现了阿里巴巴大力发展5G视频业务的坚定决心。

百度则是在2019年4月举办的百度云智峰会中，和华为、中国移动联合展示了基于SA架构的5G Vertical LAN（行业局域网）技术，可为8K实时会议等视频场景提供支持，让更多的企业有机会享受到方便、快捷的云办公服务。

对于边缘计算，BAT的竞争也颇为激烈。目前，阿里云边缘节点服务ENS，已经可以在新零售、智能监控、在线教育、内容分发、音视频直播、产业互联网等场景中得到应用，对缩短C端用户需求响应时间，降低企业经营管理成本，有着非常广阔的发展空间。

2019年1月，百度在国际消费类电子产品展览会（International Consumer Electronics Show，CES）中发布了中国首款智能边缘计算产品BIE（Baidu Intelligent Edge）和智能边缘计算开源版本OpenEdge。同时，得益于多年的积极探索，百度在智慧金融、智慧农业、智能制造、智慧城市等领域的布局已经初步取得良好效果。

腾讯目前正在积极开发智能边缘计算网络平台架构，该架构将部署大量的边缘节点，以便将庞大的流量引入平台之中，为自身及合作伙伴的商业探索奠定良好基础。

综合来看，对于BAT在5G领域的布局，百度在多个领域布局时间相对较早，有一定的先发优势，特别是在车联网和自动驾驶领域有着明显优势；阿里巴巴则依托自身的云服务、金融等优势资源，稳扎稳打，有序推进；腾讯虽然布局时间较晚，但凭借其在社交、视频、游戏等方面的领先优势，同样拥有广阔的发展前景。

# CHAPTER 3
# 5G+教育：助推教育数字化转型

## 3.1 教育2.0：重塑智慧教育新格局

### 技术驱动下的教育大变革

回溯历史，每一次移动通信技术的发展都会掀起教育的变革波浪。

1G 时代的崛起，国家开始普及九年制义务教育，很多人从"没学上"到"有学上"。

2G 时代的到来，国家对教育的投入空前增长，一栋栋美丽的校舍拔地而起，一间间教室有了电子显示屏和投影仪。

3G 网络时代，教育事业开始有了更生动的变化，移动学习应运而生，远程教育的发展进程开始加快。

4G 网络开启了移动互联网时代，手机成为人体器官的延伸，电视的开机率下降，一大批直播平台、教育类公司应运而生，各种在线教育创业者打着"互联网必将颠覆传统教育"的口号横空出世。

接踵而来的5G时代将从根本上冲击当前的教育模式，使教育发生重大变革。

### ◆5G重构教育形态与教育模式

（1）沉浸式教育走向课堂。

5G时代，高速的移动互联网可以提升VR/AR设备的工作效率，同时其超低的网络时延可以有效降低虚拟现实设备成像的眩晕感。所以在众多充满期待的5G应用场景中，VR/AR将成为第一个爆发的场景。

依托于5G终端以及芯片的支持，VR/AR技术将得到实质性的提升，所提供的教育服务也将从网络传输等方面得到有效完善，学生可以完全沉浸在具有强烈现场感的虚拟环境中学习，可以与环境交互，获得实时反馈，就像置身于真实的场景中一样，这种全新的视觉体验将激发学生的想象力和创造力，让学生对知识进行全面理解和掌握。

在5G时代，沉浸式教育将走出科技馆，走向真实的课堂，走入普通的院校，服务于广大师生。借助沉浸式科技，学生将获得一个看待世界的新视角，将所学变为所见、所感，甚至所做，从而使学习不断深化。

在5G技术的支持下，5G互动课程也开始在一些校园进行试点应用。2019年3月，全国首个5G智能教育应用落地发布会在广东实验中学举行。在此次发布会上，广东实验中学宣布了未来5G智能教育规划，表示5G已经从理论研究阶段走向教学互动场景。

未来，将有更多校园积极引入5G技术，与各企业携手推动智能教育应用落地，让更多师生享受教育信息化的新成果，并创造出基于5G、云计算、物联网等技术的未来智慧教育新模式。学生在学习书本知识的同时，也能获得更多实际操作机会，使学生的动手能力进一步提升。

（2）教育系统将互联互通融为一体。

在5G网络的支持下，人与人之间将真正走向互联互通，融为一体。与2G、3G、4G不同，5G不仅解决了人与人之间的通信问题，还解决了人与物、物与物的互联问题。在此背景下，教育系统将发生根本性变化，教师、教学媒体、教学资源、教学内容等构成要素将实现互联互通，互相助力，教学系统将借助技术手段实现真正融合。

进入5G时代之后，人们不仅能享受到更低的通信资费，还能享受到更便捷的生活方式、更高效的教学效率、更有效的学习效果。在5G网络环境下，学生之间、师生之间、教师之间的交流将变得更加方便和快捷，所有的问题都有可能实现及时沟通。

#### ◆ 5G智慧教育演进路线

下面我们首先来看一看智慧教育演进的路线（见图3-1）。

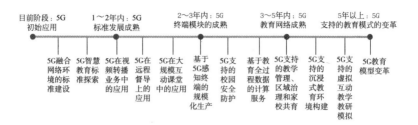

**图 3-1　智慧教育演进路线图**

智慧教育的演进路线图反映出 5G 网络技术对教育的推动作用，在整个变革过程中，每个阶段都将以小步调的形式推动教学、教研、教育管理等教育业务转型。

（1）5G 初始应用阶段。

目前，我们处在 5G 提出和初始应用阶段，5G 网络尚处在调试阶段，缺乏各类网络应用和融合的标准。因此，在此阶段，一方面需要探索 5G 网络和传统网络融合方式，另一方面需要探索 5G 教育应用的标准。

（2）5G 标准发展成熟阶段。

未来 1～2 年内，5G 将有效促进教育领域的基础业务发展，如提升高清视频转播的传输效率，通过远程视频监控改变督导模式。除此之外，5G 的大带宽支持海量数据传输，让互动课堂中交互式应用的初步探索成为可能。

（3）5G 终端模块的成熟阶段。

随着 5G 网络标准不断成熟，各大运营商将相继研发针对 5G 网络传输和感知的终端模块，如物理环境传感器、人体特性传感器等，支持不同场景下的智能感知、识别和数据采集，这些终端模块将在智能安防等场景中实现大规模应用。

（4）5G 教育网络成熟阶段。

5G 各类终端成熟后，应教育业务开展需求，各企业将建立起面向不同教学、教研、教育管理等场景的完善的教育服务网络，该网络具备强大的情境感知、数据处理和分析功能，可以为不同的用户提供适应性服务。

（5）5G 支持的教育模式的变革阶段。

教育模式改革是"5G+ 教育"的最终目标，建立在 5G 教育网络完善的基础上。在完善的教育网络构建起来之后，教育教学的基本模式必须变革，只有这样才能促进教学效率、教学质量大幅提升。整个过程需要依赖大规模数据计算，挖掘符合学习者、教师等主体认知的教学模式，在 AR/VR/ 全息等技术支持下对沉浸式学习场景进行模拟，为学生提供交互式全息服务。

## 让教育的未来更普惠

目前，我国教育资源分布严重失衡，优质的教育资源比较偏向一线、二线、三线城市，农村地区的教育资源严重匮乏，给公平教育的实现造成了严重阻碍。设备、教师、资源的稀缺，是追求教育公平路上的绊脚石，如果能解决这些问题，就能为教育公平奠定良好的基础。近年来，随着"互联网＋教育"快速发展，在线教育平台相继崛起，这些平台积极推动教育资源数字化，促进教育资源流通，让偏远地区的学生也能享受到优质的教学资源与教学服务。在PC互联网时代，因为网络建设成本较高，很多偏远地区都没有覆盖互联网，导致学生无法通过互联网获取优质的教学资源。进入移动互联网时代后，随着智能手机的推广普及，这一问题得到有效解决。

而随着5G时代的来临，为实现教育公平提供了可能。因为5G网络的网络传输体量非常大，可以通过有限的设备将更多教育资源传送到贫困地区和偏远地区。同时，5G网络使得接触资源速度不断加快，可以帮助学生更高效地选出合适的资源。

试想一下：在5G网络环境下，学生仅需等待几分钟就能打开一个1G流量的视频；学生预览资源只需等待几秒钟；学生下载学习包也只需花费几分钟。如此高速的传输速率将大大节省学生预览资源、筛选资源的时间，不会让学生因为长时间的等待产生厌烦心理。在5G时代，所有的学生都能在最短时间内获取最优质的教育资源。

为解决教育资源分布不均问题，教育部于2018年4月发布了《教育信息化2.0行动计划》，明确指出到2020年实现教育应用覆盖全体学习、学习应用覆盖全体适龄学生、数字校园建设覆盖全体学校；全面提升信息化应用水平与教师、学生的信息素养；完成"互联网+教育"大平台建设。在5G实现全面商用之后，网络传输速度将越来越快，传输成本将不断下降，偏远地区的学生可以非常方便地通过互联网获取优质的教学资源。

2018年5月，大唐移动通信设备有限公司与重庆虚拟实境科技有限公司达成合作，计划联手推广基于"5G+MR"的智慧教育应用，其中MR指的是Mixed Reality，意为混合现实。随着这一应用的推广，教育资源分布不均问题将得以有效解决，教育公平有望真正实现，整个教育行业将迈进教育2.0时代。

2019年2月23日，中共中央、国务院发布《中国教育现代化2035》，对2019—2035年的教育现代化建设做了系统规划。对于我国的教育改革来说，教育现代化始终是主题，是凝聚各方力量优先发展教育的精神动力，不仅从人力、智力方面为工业、农业、国防、科学技术等现代化建设提供了强有力的支持，还为富强、民主、文明、和谐、美丽的社会主义现代化强国建设奠定了坚实的基础。

### ◆ "5G+智慧教育"面临的机遇

在整个教育行业，5G的应用范围非常广，不仅能在课堂教育领域应用，还能在远程在线教育领域应用。因为在5G网络技术的支持下，视频传输将变得更加稳定、移动端接入数量将大幅增加、互动延时将大幅下降，而且5G可以为大型开放式网络课程提供有效支持，让学生可以随时随地学习。

　　另外，在家校联合、家长与教师沟通方面，5G也发挥着十分重要的作用。在5G的支持下，家校互动系统的功能更加强大，为传统教育沟通方式沟通不畅、沟通效率低等问题提供了有效的解决方案。因为在5G支持的家校互动系统中，家长、教师可以分享视频、语音及数据文件等，可以更详细地了解孩子的学习情况，比如孩子在学习过程中遇到的问题，以及取得的成绩等。

　　其实，不只5G技术在教育领域有着广泛应用，云计算、物联网等技术同样在教育领域有着广泛应用。这些技术的综合应用将创造一种全新的教育模式，这种教育模式具有超强的科技感、创新性，需要教师、学生不断提升专业知识和实际操作能力，主动适应。

　　为了满足教育信息化的业务需求，目前，很多学校开始积极部署各种网络，比如有线网、校园网、物联网、电视网、Wi-Fi等，用来承载一系列校园业务，例如科研信息共享、电子阅览、多媒体教学、资料存储、行政管理、学校论坛生活、教师办公等。

　　随着数字化转型不断深入，在智能网络终端、各种创新应用的作用下，教育信息化不断升级，学生、教师的期望不断提升，他们希望获得更优质的服务与更丰富的多媒体体验，包括在线学习、线上备课、沉浸式虚拟环境教学、智慧化管理等，而且希望可以随时随地学习，享受高效便捷的互联网学习体验。

#### ◆ "5G+智慧教育"面临的挑战

现阶段，智慧教育网络面临着很多挑战，主要表现在以下几个方面（见图3-2）。

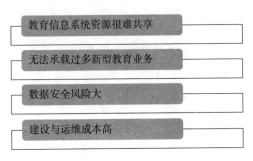

**图3-2　智慧教育网络面临的主要挑战**

（1）教育信息系统资源很难共享。目前，教学、科研、管理、技术服务、生活服务等信息化系统建设使用的是烟囱式建设模式，信息孤岛问题比较严重，整个业务流程的整合度比较低。

（2）无法承载过多新型教育业务。4K/8K直播课堂、AR/VR课堂、全息教育、4K高清监控、学校移动巡逻车等新型业务对网络带宽的要求较高，现有的网络速度无法支持这些业务开展。

（3）数据安全风险大。跨校区共享资源，资源极有可能泄露。另外，教育大数据汇聚也有可能使数据安全风险大幅提升。

（4）建设与运维成本高。教育信息系统建设与多网融合导致教育网络建设成本、运维成本都比较高。

## 5G时代的智慧教育解决方案

针对教育业务开展需求，结合5G特性，通过接入多种形态的智联终端和教育装备，构建全连接的教育专网，部署整合计算、存储、AI、安全能力的教育边缘云，提供具备管理、安全等能力的应用平台，建设智慧校园，打造多元化教育应用。5G时代的智慧教育解决方案主要包括以下几个方面（见图3-3）。

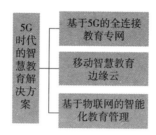

图3-3　5G时代的智慧教育解决方案

◆ **基于5G的全连接教育专网**

相较于4G移动网络来说，5G可以通过网络切片和边缘计算来满足行业用户的应用需求。在教育行业，通过网络切片可以构建教育专网。

5G教育专网是通过5G切片技术实现的，5G切片在一个物理网络上构建起多个专用的、虚拟的、隔离的、按需定制的逻辑网络，来满足教育业务对网络能力的不同要求，通过全连接使5G、4G、NB-IoT、专线网络实现数据共享，消除不同网络之间的数据孤岛，构建数据共享的网络基础。同时，5G切片还能对师生、家长等隐私数据进行本地化传输与存储，保证用户数据安全。5G切片技术在教育领域的应用价值见表3-1。

表 3-1　5G 切片技术在教育领域的应用价值

| 序号 | 应用价值 |
| --- | --- |
| 1 | 基于不同的业务提供不同的专网，在不同业务调度时，优先保障高优先级业务 |
| 2 | 保障业务安全，保障学校隐私数据安全 |
| 3 | 根据业务对专网带宽、时延等网络要求进行调整 |
| 4 | 学校间（附属学校、分校）通过专网共享 4k/8k、AR/VR 等业务 |

## ◆移动智慧教育边缘云

5G 移动边缘计算可提供海量终端管理、高可靠低时延组网、分级质量保证、数据实时计算和缓存加速、应用容器服务及网络能力开放等基础能力，并可提供多级边缘计算体系，为智慧教育提供实时、可靠、智能、泛在的端到端服务。

针对高校、K12 等多种教育场景提供多级边缘计算的解决方案，边缘计算节点部署在基站侧、基站汇聚侧或核心网边缘侧，为教育提供多种智能化的网络接入以及高带宽、低时延的网络承载，并依靠开放可靠的连接、计算与存储资源，支持多生态业务在接入边缘侧的灵活承载。

针对云 AR/VR 教学、全息课堂、云端智能管理等新业务对网络提出的超低时延、超大带宽、实时计算等需求，虽然现有的以云计算为核心的集中式数据处理模式可以满足云端的计算和存储需求，但在面对诸多新业务提出的高质体验需求时则稍显不足。

一方面，所有的业务流都需要通过云计算中心进行处理，时延和拥塞将严重影响业务体验，无法满足超低时延要求；另一方面，随着接入终端的数量迅速增加，海量数据回传将对运营商接入网和核心网形成巨大的挑战，使网络运行效率大幅下降。

### ◆基于物联网的智能化教育管理

5G可以看作一条超高速信息公路，物联网是一个典型应用场景。5G网络端到端之间的延时可降至1毫秒，吞吐量可达10Gb/s级，单位平方公里内可连接百万台设备，具有高速移动性特征。5G赋能物联网，可实现"万物沟通"，构建具有全面感知、可靠传送、智能处理等特征的网络，可实现任何时间、任何地点及任何物体的连接。

5G物联网可实现教育用户与校园环境、设施、终端、平台的有机结合，使用户可以凭借更加精细、动态的方式管理生产、学习和生活，从而提高整个教学管理的信息化水平。

未来多种形态的智能教学终端，包括智能教学终端、录播室、远程教室XR设备、智慧图书馆终端、实验设备、监控设备、便携智能终端等都将带有5G通信模块，全面覆盖智慧教育各大应用场景。

同时，在校园范围内将广泛部署具备物联网通信能力的传感器、触发器、智能微尘，全面感知和采集校园内交通道路、建筑消防、空气、水质、植被、生态、能源、空间、人流、车辆等人与物的状况和数据，并通过5G通信网络、互联网实现人与人、人与物、物与物的任意互联和通信，让原本静默的设备具有连接网络的能力。

"物联网+智慧教育"将种类繁多的设备、终端、系统连接起来，通过对教学、教研、教管各环节数据的实时感知、采集、监控和利用，促进智慧教育行业全价值链的信息交互和集成协作。

## 3.2 智慧教学：推动教学模式创新

### 远程教学：优质教育资源共享

随着5G问世，利用5G引领教育信息化变革，促进教育资源均衡流通已成为大势所趋。在5G网络技术的支撑下，教育核心业务将面临转型和重构。由于教育领域用户多元性、情境多样性等需求比较广泛，针对每种需求的业务也比较精准。由于5G环境可以提供高速度、高带宽、低时延、快速缓存等服务，可解决传统教育服务中存在的关键问题。

与过去的教学模式相比，当前的教学模式更加追求个性化、智能化，教师可利用各种智能技术进一步了解每位学生的具体情况，根据学生的学习习惯、知识的难易程度等制定相应的课程计划，以便有针对性地进行人才培养。

物联网、云计算、5G、VR等技术为教学互动、学生实际操作能力的培养提供了强有力的技术保障。5G技术的应用为教学视频播放、教育资源的综合利用提供了诸多可能。在课堂教学环节，摄像头智能识别人像并自动切换画面、4K极清摄像机呈现课堂实验与互动、课堂提问与回答声音的清晰传递等，都离不开5G技术的支持。

2019年7月8日，广州联通与中山大学南方学院举行了战略合作签约暨5G智慧校园启动仪式。目前，5G网络已覆盖了中山大学南方学院的主要区域，部分教室、实验室、5G+创新中心展厅都部署了5G+4K超高清教学互动录播系统。

在距中山大学南方学院70公里的5G创新应用展示厅，技术专家可以利用本地的录播系统、视频会议系统、手机等终端设备，利用5G网络与学校的直播教室进行远程连线。在5G远程互动课堂上，学生不仅能通过屏幕观看远端教室上课的视频、PPT，还能在屏幕上书写答题，答题情况会实时传送至远端教师。广州联通与中山大学南方学院通过这种方式构建了一个视频、音频、笔迹等多元交互的互动课堂。

除课堂外，5G网络还给学校图书馆带来了翻天覆地的变化。中山大学南方学院引入5G智能巡检机器人对图书馆内的物资设备、人脸信息进行巡检。在5G网络环境下，机器人可以利用人工智能、自动化控制等技术进行安防巡检、实时监测、全时值守联网巡逻，并自动识别、跟踪监测对象。在5G巡检机器人的帮助下，图书馆的工作人员只要坐在办公室中就能了解馆内的所有情况，不仅提高了管理效率，还节约了管理成本。未来，5G网络、5G机器人将在更多教务场景中发挥作用。

教学是教育领域的核心业务，其目标是完成对学习内容的传授，并基于学习者对教学内容和教学过程的反馈为其提供交互性支持。在此过程中，5G发挥着非常重要的作用，如在远程教学中通过AR/VR、全息技术改善学习体验；在互动教学中通过提供低延时、高速率的反馈提升教学效果；在实验课堂中通过模拟实验环境和实验过程促进沉浸式体验。

◆双师课堂

"双师课堂"指的是由授课教师通过大屏幕对学生进行远程直播授课，同时班内安排一名辅导教师负责维护课堂秩序、回答学生疑问、布置作业的课堂教学模式。因为有两名教师同时开展教学，所以称为"双师课堂"。

双师课堂是远程教学的主要场景，双师课堂主要解决乡村教学缺师少教、课程开设不齐等问题，促进城乡教育均衡发展。针对双师课堂采用有线网络承载业务存在的建设工期长、成本高、灵活性差等问题，以及采用Wi-Fi网络承载业务导致的音视频延迟、卡顿等问题，5G网络可以提高课堂的灵活性，做到随需随用，同时还可以支撑4K高清视频传输以及低时延互动的沉浸式双师课堂应用，有效解决传统双师的交互体验问题，为双师课堂的长远发展提供强有力的保障。

为进一步提高双师课堂的沉浸式用户体验，保障网络服务质量的稳定性，5G双师课堂解决方案将采用5G边缘计算技术实现双师课堂的低时延互动，并通过5G网络切片技术提供双师专网服务，真正将远端听课学生打造为名师侧的一个近端模块。

◆ 全息课堂

针对我国教育资源分配不均问题，通过虚拟现实、增强现实技术，以全息投影的方式将名校名师的真人影像以及课件内容通过裸眼3D的效果呈现在远端听课学生面前，开展自然式交互远程教学。

"5G+全息投影"技术可以解决目前中心学校与教学点资源不均，校与校连接难以全面打通的难题，以全息技术为基础的智慧教学场景可以实现一对一远程教学，还可以开展一对多、多对一及多对多的直播教学，实现多地区优质资源共享。同时，全息课堂还能开展不改变师生交互习惯的远程教学，教学适应性非常强。

预计5G速率将超百兆，是当前4G的10～100倍，而5G端到端的时延只有20～40毫秒，基于这些特性，音频流、视频流、AR应用等需要大带宽的内容可以以极低的延时传播，能够支持远程课堂无延迟沟通，全息AR面对面课堂可以增强学生的沉浸化体验，促使师生交互方式发生革命性变革。全息课堂通过建设"全息讲台"和"全息直播教学区"实现远程全息授课，主要应用于教育参观培训、国际文化展示、学生上课体验、实操技能训练等典型教育场景。

（1）全息直播教学区

全息直播教学区用来采集名校名师授课的音视频数据，与标准绿幕摄影棚相似，无须增设特殊装备，教师可在直播区通过高清显示器实时了解远端学生的听课状态，并实时互动。

（2）全息讲台

全息讲台部署在听课教室，通过全息屏幕将传输过来的授课教师的影像数据以裸眼 3D 的投影效果进行显示，辅之以高清摄像机及麦克风等设备，拍摄课堂上学生的学习情况，将相关信息即时传送到授课教师端以开展互动教学。

## 互动教学：智慧课堂新模式

所谓"互动教学"，是指在传统的智慧课堂中，对各种必要的软硬件模块进行5G 化处理，从原来的有线网络、无线 Wi-Fi、蓝牙、Zigbee、NB-IoT 等网络承载，转变为高带宽、高速率、高安全、低延时、集网络数据传输与服务于一体的5G 网络承载，在安全可靠、稳定持续、响应速度、免维护等层面带给学校师生全新的使用体验。

相较于传统智慧课堂，5G 智慧课堂通过各硬件终端的5G 化，充分利用5G 网络与生俱来的技术和业务优势，带给学校师生更快、更好、更流畅的体验。

（1）网络承载统一，学校不再需要部署多种网络，所有电教终端均像手机一样接入5G 网络，开机即用。所有教学的后台应用都可承载于学校的5G边缘云平台中，信息安全更有保障，并且可以实现免维护管理。

（2）超高带宽保证了智慧课堂中的交互显示终端设备、信号传输及处理终端设备不仅能够完美地再现4K级别的画面效果，还能承载8K交互终端设备，为师生带来清晰、自然、完美的显示效果，促使智慧课堂永远保持技术领先。

（3）速率更快，延时更低，让智慧课堂实现了常态化录播，在远程授课过程中，远端会场可以毫无延迟地感知"名师优课"高达4K甚至更清晰的课堂画面。在远程录播课堂的过程中，多方交互以及更多方直播加入也能够获得毫无延迟感的观看体验。

利用5G网络，系统可以实时采集学生的书写数据，老师可以实时观察学生的答题内容和答题进度，发现学生问题，掌握学生的理解程度以及思考过程。另外，5G网络的高可靠性可以保证数据采集与传输过程的稳定性与可靠性，为学生和老师带来更稳定、更丰富、更高效、更有价值的数据服务。

在清华大学智慧课堂展区，黑板上的所有内容都会在一旁的投影幕布与手机端的"雨课堂"界面上呈现出来。

"雨课堂"是清华大学在线教育办公室与学堂在线共同打造的一款新型智慧教学工具，能够与师生的智能终端相连，比如智能手机、平板电脑等，让师生在课前、课中、课后享受到全新的体验，让教师和学生可以实时互动，还可以对教学全周期的数据进行分析，解决传统教学过程中存在的教学方式单一、教学内容枯燥、教学效果不佳等问题。截至2019年2月28日，"雨课堂"已为85万个真实授课班级的860万名师生提供了服务。

在"雨课堂"应用的过程中发现，理工科教师经常需要在黑板上写一些公式，必须对传统的黑板进行改造。2018年底，学堂在线在黑板周围嵌入了红外感应框，将教师在黑板上书写的所有内容实时同步到投影幕布和学生手机上，而且板书会嵌入"雨课堂"PPT教学中。在教师教学习惯维持不变的情况下，"雨课堂"可以将PPT、板书、互动数据及语音实时记录下来，做到"上课即建课"。

目前，"雨课堂"光感应黑板已经走进了全国100多所高校，将教师授课所用的PPT、语音、板书、与学生的互动全部记录下来，以便学生事后回看，查漏补缺，提高教学质量。

### ◆信息化教学

（1）课前：教师通过5G移动手机端进行移动备课。

（2）课中：教师通过答题反馈器了解学生课堂测验数据，实时调整授课方式，提升课堂效率；教师通过分组教学对不同的教学内容分组推送，传送到不同学生小组的大屏上，便于学生研讨，让学生形成协作意识，开展分层教学；教师通过手持、移动的 5G 授课终端开展移动讲台式授课；教师可以随时调用部署在学校附近的 5G 边缘云平台上的课堂气氛小工具，如知识竞赛、分类对比、随机抽取等，让学生在轻松的上课氛围中集中注意力，提高学习效率。

（3）课后：通过随时随地的网络接入开展个性化辅导。

### ◆ 全过程教学评价

通过 5G 网络同步记录教学过程中全场景（课前、课中、课后）学生书写笔迹，并将整个过程数据传输至 5G 边缘云平台，结合大数据分析及人工智能技术，为不同用户（学生、家长、老师、学校管理者、教育部门领导等）提供更全面、更客观的数据分析结果，从而实现评价合理化、教学个性化、决策科学化以及教育均衡化。

通过构建云管端的智慧课堂一体化解决方案，对所有 5G 终端设备进行统一接入控制，对设备状态、业务应用、日志数据等进行集中统一管理，并进行可视化呈现，为智慧课堂的稳定、安全、高效运行提供强有力的支持。

## AR/VR 教学：实现教育可视化

近年来，随着越来越多的新技术、新设备在教育教学领域应用，教学方式发生了重大变革，从最初的黑板粉笔教学到多媒体教学，再到智慧教育交互式智能黑板教学，教学方式越发多元化，但教学活动以教师为中心、学生的学习兴趣不高、学习效率低等问题始终未能得到解决。

在5G技术的支持下，AR/VR可以在教育领域实现更好的应用。比如，教师利用AR/VR技术模拟各种场景，学生坐在教室里就能前往各地进行虚拟实地考察，产生真切的感受，从而提高学习效率。

此外，教育机构还可以通过建设AR/VR云平台，开展AR/VR云化应用，包括虚拟实验课、虚拟科普课、虚拟创造课等寓教于乐的教学体验，将知识转化为数字化的、可观察和交互的虚拟事物，让学习者在现实空间中深入了解所要学习的内容，对数字化内容进行系统学习。

相对于传统教育，AR/VR教学模式具有非常多的优势（见图3-4）。

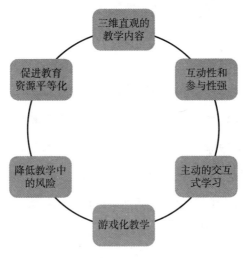

**图 3-4　AR/VR 教学模式的主要优势**

#### ◆三维直观的教学内容

借助AR/VR技术，学生的课堂体验从2D跃升到3D，课堂教学内容从图书或黑板呈现出来的平面内容转变为栩栩如生的三维内容。对动物、植物、日常用品等原本现实中可见的三维物体，学生们不需要再从2D形象脑补3D形象；对于电波、磁场、原子、几何等肉眼不可见的内容，AR/VR可以将其形象化地展示出来，帮助学生增进认知、加深理解。

#### ◆互动性和参与性强

学生通过AR/VR学习无须死记硬背，可以亲自体验学习内容，参与到教学过程中来。在这个过程中，学生可以联想之前的相关经历，与以前学到的知识建立更深层的联系。AR/VR教育诠释了"学习是一种真实情境的体验"的建构主义学习理论，让学生用眼看、用耳听、动手做，然后开动大脑去想，充分调动学生的学习热情，从"要我学"变成"我要学"。

#### ◆主动的交互式学习

在学习过程中，学生可以随时暂停或重复其中任何一个步骤，不用过多考虑间断或反复学习给施教者带来的压力。

#### ◆游戏化教学

国内外很多研究已经证明，游戏是一种快速有效的学习方式。而AR/VR的可视化、互动性可以设计出很多非常吸引人的游戏化教学内容，寓教于乐，大幅度提升学生们的学习意愿、激发学习兴趣、提高学习效率。

#### ◆降低教学中的风险

化学、物理、机电等学科在教学过程中需要动手操作和试验，具有一定的危险性。通过AR/VR技术开展虚拟实验，在获得同样效果的情况下可以大大降低教学中的安全风险。

#### ◆促进教育资源平等化

AR/VR可以让不同地区的老师、学生聚集在同一个虚拟课堂中，提高体验的真实性，开展实时互动。在这种情况下，很多一线城市的优质教育资源就能以非常低的成本倾斜到三四线、农村等教育欠发达地区，让偏远地区的学生也能得到名师的指点。

鉴于AR/VR教学能够帮助学生理解学习内容，提高教学质量，通过打造云AR/VR交互式教学场景，针对难以讲解的教学问题、现实生活中无法观察到的自然现象或事物变化过程等，通过"虚拟+现实"的方式，调动学生视觉、听觉、动觉等多种感官参与课程学习，使抽象的概念和理论更加直观、形象地展现在学生面前，寓教于乐，从而提高课堂效率。

将AR/VR教学内容迁移到云端，利用云端计算能力实现AR应用的运行、渲染、展现和控制，并将AR/VR画面和声音编制成音视频流，通过5G网络实时传输到终端。为满足业务的低时延要求，AR/VR教学可采用边缘云部署架构，将对时延要求高的渲染功能部署在靠近用户侧，这样业务数据不用传输到核心网，而是直接在边缘渲染平台处理后传输到用户侧。基于5G的边缘云部署方案有效解决了传统方案中网络连接速率低和云服务延时长等突出问题。

## 终身学习：移动学习与慕课

终身学习是指社会成员为适应社会发展和个体发展的需要持续学习的过程。在这个过程中，因为学习者所在的情境具有多样性，学习需求多样，所以为其匹配合适的情境，为其提供沉浸式服务至关重要。

在5G环境下，万物互联可以为学习者提供精准的情境感知能力，基于感知的内容为学习者提供个性化的服务内容。具体来看，终身学习主要涉及移动学习和慕课（见图3-5）。

**图3-5  终身学习的两大分类**

### ◆移动学习（Mobile Learning）

移动学习是实现终身学习的重要途径，而移动学习的典型场景包括VR科普馆。VR科普馆将科技馆、博物馆等馆内的展览展示、科普教学内容和一些科普教育知识，用4K/8K全景摄像机等设备采集，转化为VR视频内容或是通过数字化手段制作成VR应用内容，通过云平台进行存储、管理和分发。

在展馆现场的课堂上，学生可以佩戴VR头显，跟随展馆老师的讲解体验沉浸式教学，在这个过程中，异地学校的学生可全程看到老师上课的场景，并跟随老师的指令，与展馆现场听众一样带上 VR 头显观看整个教学过程。

在 5G 的技术支持下，不论是老师授课的视频画面，还是 VR 头显显示的内容，都将完全与现场同步，做到零延时。即便没有直播教学时，用户也可以通过终端访问云平台，观看学习 VR 科普馆中丰富的科普内容。

借助 5G 网络，结合 VR、视频直播等技术可以将优质的教学教育资源输送到网络所及之处，其在提升教育公平、普及科学知识方面发挥着十分重要的作用。

## ◆慕课（MOOC）

当前，在线教育产品的主要任务是将更低价、更高质的普惠教育资源提供给教育水平相对较低的地区，慕课就是如此。基于 5G 技术的慕课可以很好地解决以下两大痛点。

（1）目前，在线直播产品受时延及宽带的限制，无法保证远程直播的互动性。基于 5G 网络，在线教育产品变得比以往任何时候都更具互动性，地理距离不再是制约教育资源传递的障碍，即便相隔千里，教师与学生也能像面对面一般，学生的每一个表情都逃不过老师的眼睛。同时，学生学习数据实时上传，配合适当的模型，老师可以实时了解学生学习状态，适当调整教学重点与教学速度。

（2）传统技术受网络传输质量的限制，很难产生身临其境的教学效果，尤其是相对抽象的内容。而借助 VR 等显示技术，依托5G网络，一些在线课程可以做到身临其境，打破在线教育与线下教育之间的隔阂。另外，在5G网络的支持下，远程实操也将成为可能，传统职业教育可以打破地域限制，提高实训效率、降低实训成本与实训过程中的安全风险。

## 3.3　智慧管理：变革传统教育管理

### 打造"沉浸式"教研系统

教研是一项以教师为主体，以提高教学质量为导向，寻找更高效的教学方式方法，发现并弥补自身不足的活动，是教师工作的重点内容。5G在教育领域的应用将有力推动教研活动改革，支持远程听评课、促进跨区域教学交流、提供沉浸式教研活动，为广大教师高效、低成本地开展教研工作提供一套行之有效的方案。

#### ◆远程听评课

基于5G的远程听评课是指对传统以录播为主的远程听评课系统进行改造，让教师利用5G网络远程听名师授课，并和其他教师交流互动，进行教学反思，提高教学水平与质量。

基于5G的远程听评课需要借助5G录播终端、云计算、大数据、人工智能等先进技术，其中终端设备见表3-2。

表 3-2　5G 远程听评课需要具备的终端设备

| 序号 | 终端设备 |
| --- | --- |
| 1 | 支持智能导播决策和显示触控一体化的5G录播主机 |
| 2 | 支持高清视频画面的5G摄像头 |
| 3 | 支持声音无损采集的5G话筒 |
| 4 | 支持高清晰显示设备 |

除此之外，想要实现5G远程听评课，还需要在运营商云平台或学校边缘云平台部署远程听评课服务。与基于有线网络、Wi-Fi网络的远程听评课相比，5G远程听评课在响应速度、画面质量、反馈时效、评估有效性等方面都有了明显改善。

（1）5G网络的技术特性与优势，将为远端听课的教师提供实时、高质量的教学现场画面，让教师可以根据大量细节信息做出更为客观、准确的评价。

（2）在5G网络的支持下，所有的录播终端都将实现网联化、智能化，显著降低教师的操作门槛，以及学校IT工作人员的维护成本。

（3）5G远程听评课在根据国家相关听评课标准完成评价的同时，还可以实现视频和电子课件的切片化绑定，让学生可以在更短的时间内找到关键知识点，让听课教师可以给予授课教师更为精准、客观的评价，为授课教师改善教学质量提供科学指导与帮助。

（4）5G远程听评课可以利用移动边缘计算的AI能力，为课堂提供实时评测支持，比如根据教师和学生的课堂表现进行智能分析，提供课堂教学数据，生成教学评价表，以教学能力矩阵的形式帮教师找到自身的优势和不足。

5G远程听评课在双师课堂、智慧课堂传递、远程录播课堂等场景中都有广阔的想象空间，其主要功能见表3-3。

表3-3　5G远程听评课的主要功能

| 主要功能 | 具体内容 |
| --- | --- |
| 流畅听课 | 教师可以方便快捷地点击课表开启远程听课服务，并且支持跨区域高清实时课堂互动 |
| 自由评课 | 系统能够对动态视频和电子课件进行切片化处理，让教师和学生可以自由地对教学活动进行评价 |
| 集中控制 | 基于云管端一体化的远程听评课解决方案，实现所有听评课设备远程统一控制，对设备状态、日志数据、业务应用等信息进行集中管理，提高听评课系统运行效率与安全 |

### ◆ 在线巡课

网络技术、视频处理技术、多媒体技术等技术的快速发展，为教学现代化提供了支持。近年来，多媒体教学在越来越多的学校得以应用，催生了海量网络音视频录制、点播、管理需求，特别是通过教室现有音视频设备辅助远程巡课和在线教研活动需求。在线巡课系统的实践应用见表3-4。

表3-4　在线巡课系统的实践应用

| 序号 | 实践应用 |
| --- | --- |
| 1 | 帮助教师进行教学反思，支持教师线上学习，提高其教学水平 |

续表

| 序号 | 实践应用 |
|------|----------|
| 2 | 对教师言行进行监督与规范，对教学效果进行远程评估，在巡课过程中对关键信息进行记录并点评 |
| 3 | 加强教师监控，提高校园安全性，对教室进行无死角监控，快速识别教师潜在隐患和突发状况 |
| 4 | 支持远程教研，帮助教师通过手机、电脑等终端开展远程听课，与其他教师进行远程互动与交流，研发更先进的教学方式与策略等 |
| 5 | 对考场进行全面监控，加强监考质量。利用教室内的音视频设备对考场进行监控，辅助工作人员进行远程监考，并提供考场录像。考场监控系统将和校园监控系统实现完美兼容，工作人员可以通过集中控制平台对其进行统一管理 |
| 6 | 提高课堂开放性，为教师和学生提供泛在学习支持 |
| 7 | 加强学校和家长之间的交流合作，增强家长对教师的信任 |

在5G技术的支持下，在线巡课系统将在以下几个方面得到持续优化。

（1）为音视频设备配备无线模块，可以在没有终端主机的情况下直接传输音视频内容。

（2）通过云端巡课平台，将服务器部署在云端，降低学校硬件部署及运维成本。

（3）提供超高清晰度的巡课图像，解决网络波动问题，大幅提高巡课质量。

（4）实现区域内的互联互通，将省、市、区、学校的在线巡课系统无缝对接，对区域内的人才、设备等资源进行统一管理和调度，减少重复建设和资源浪费。

（5）推动行业协议标准化，促使不同厂商的设备相互兼容，降低学校的部署成本。

（6）强化移动端应用，支持手机等移动设备随时随地巡课。

（7）加强教师端和巡课端的连接能力，支持突发状况实时对讲。

## 智能化校园安全管理

### ◆校园智能监控

校园智能监控可以对学生学习、生活的轨迹进行实时追踪，支持学生到校离校轨迹分析、校车人脸识别、校门口人脸识别、校园边界区域突发状况预警、课堂活动监控、厨房监控等，覆盖学生的出行、学习、活动、饮食等诸多方面，充分保障学生的安全，让家长能够及时了解孩子的在校情况。

校园智能监控为学校和教育主管部门提供了强大的安全管理工具和方案，可以及时排查校园安全隐患，根据大数据分析结果制定校园安全管理方案，为学生提供安全、健康的学习环境。引入5G技术后，校园智能监控系统的主要功能，见表3-5。

表3-5　5G校园智能监控系统的主要功能

| 主要功能 | 具体内容 |
| --- | --- |
| 云化平台 | 对统一管控平台进行云化部署，由云端对相关设备进行集中管理，支持教育主管单位高清、大屏接入，7×24小时为学习安全保驾护航 |
| 云端部署 | 通过云化部署，充分利用现有设备资源帮学校和教育主管单位降低部署和运维成本 |

**续表**

| 主要功能 | 具体内容 |
|---|---|
| 边缘计算 | 通过对监控数据进行高效处理和分析，快速识别异常情况和突发情况，及时向有关人员预警 |
| 边缘分发 | 就近为用户提供内容分发，降低数据远程传输造成的延迟，节省带宽成本 |
| 高清接入 | 教育主管部门可以通过高清监控大屏对各路学习监控进行检查，及时发现传统校园监控系统中存在的细微问题 |

## ◆云端安保机器人

近年来，校园内发生的一系列盗窃、抢劫、诈骗、校园暴力等问题受到了社会各界的广泛关注，提高校园安全管理水平已经成为我国教育行业面临的一项重要课题。

加强校园安全管理，需要做到充分保障师生及学校工作人员的人身及财产安全，借助高效、灵活的监控管理系统维护校园和周边治安，对盗窃、抢劫、敲诈等侵犯师生合法权益的违法犯罪活动进行严厉打击，加强对纵火、爆炸、杀人等重大刑事案件的事前预防，建设平安校园。

想要预防并解决上述问题，需要建立现代化的校园安防系统。该系统应具备安全防范、事故预警、综合管理等诸多功能，可以有效降低各类事故发生频率，保障师生及校园工作人员的人身安全，为校园安全管理提供行之有效的方案。

5G网络下的云端安保机器人与无人机、固定摄像头等设备相结合，可以为学校打造一个无死角的监控应急指挥系统。此前，校园监控通常采用固定摄像头，监控范围有限，而且容易被犯罪分子破坏。引入安保机器人和无人机后，不但可以实现无死角监控，还能进行7×24小时监控，而且安保人员可以在人工智能后台的帮助下提高工作效率与工作质量。

安保机器人利用自然语言处理、人脸识别、大数据等技术获得了强大的认知能力和自然语言交互能力。在复杂的场景中，学校可以通过"人工+机器"大幅度提高安保工作效率。安保机器人拥有室外导航、避障等行走能力，并且具备听、说、看等方面的语音和视频交互能力。

安保机器人系统可支持无人机控制指令发送，发出起停坐标、巡航路线等数据，并实时接收无人机监控数据。具体来看，安保机器人在以下两类场景拥有广阔的应用空间（见图3-6）。

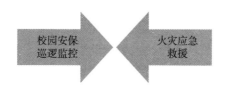

**图3-6 安保机器人的两大应用场景**

（1）校园安保巡逻监控

安保机器人可以提供身份识别、校园服务、语音交互、环境监控、高清视频对讲、自主巡逻监控、车辆识别管理等诸多服务。将5G网络和云端机器人相融合，校园安保业务将变得更加自动化、智能化，在有效降低安保人力成本的同时还能提高安保质量。

（2）火灾应急救援

当校园出现火情隐患时，安保机器人会在最短的时间内抵达现场，对现场状况进行全面记录。如果火灾发生在高层建筑物，安保机器人将向无人机发出数据采集指令。消防人员到达现场后，安保机器人将利用人脸识别等技术找到指挥人员，向其汇报现场情况，并在胸前显示屏提供消防点位置、被困人员情况、火情分析、救援方案建议等信息。

安保机器人同时扮演了消防前哨和火灾决策指挥的角色，可以快速、高效地完成火灾现场的信息采集、分析及汇报等工作，辅助消防人员制定救援决策，降低校园火灾事故的危害。

## 构建立体式学习评价体系

立体式学习评价体系能够对学生的整个学习过程进行全面评价，与以学生知识评价为主的传统学习评价体系形成了鲜明的对比。与此同时，由于数据分析能力不足，传统学习评价体系的评价结果往往以二维报表形式呈现。

在5G时代，在大数据、物联网、云计算、人工智能等新一代信息技术的支持下，学生测试、体质健康、学习、生活音视频数据等的获取成本将大幅下降。利用边缘服务器对这些数据进行处理，就能为学生提供一个综合、全面、立体的评价结果。

### ◆学习过程评价

学习过程评价将对学生学习过程中所有能够影响学习效果的环节及行为进行评价。传统学习评价是一种典型的总结性评价，主要根据学生最终测试结果进行评价，忽略了学生学习过程中的表现，引发了学习"唯考试分数论"等问题。

学习过程评价将参考学生学习过程中的诸多细节信息，通过海量数据分析，明确学生学习过程中的行为模式、思维过程等，及时发现并帮助学生解决学习过程中遇到的各种问题，并且可以针对学生的个人特征制定个性化的评价方案。

在传统网络环境中，对学生的学习情况进行评价时，因为网络传输速度较慢、带宽资源不足，只能采集规模有限且维度单一的数据，无法关注学生整个学习过程中的行为和问题，更无法针对学习的个人特征实施个性化的评价方案，导致评价结果缺乏深度，难以反映学生的真实学习情况。

在5G网络环境中，学校可以在极短的时间内完成对学生学习过程数据的采集与传输；结合大数据分析、自然语言处理等技术，对学生的学习情况进行实时诊断；利用多媒体、AR/VR等技术为学生提供多维立体的学习评价报告和改进方案。

### ◆学生健康评价

（1）学生健康评价。

现代学生健康评价是指广泛借助NB-IoT（Narrow Band Internet of Things，窄带物联网）智能手环、体温枪、身高体重仪、血压仪、视力检查仪等先进设备对学生的行走、心率、睡眠、血氧等数据进行搜集，并将其传输至云端平台，由云端服务器处理后将结果快速反馈给评价人员。在5G时代，学生健康评价将在以下几个方面得以进一步优化。

★学校不需要部署无线接收器，节省了一大笔设备投入及运维成本。

★5G网络的强大性能可以很好地满足学校无线物联网的连接需求。

★基于5G的边缘智能平台，可以高效、低成本地完成学生健康数据整合和分发任务。

（2）身心健康评价。

家长和学校工作人员可以定期获得学生的身心健康档案，全面了解学生的运动量、饮食、作息、睡眠等情况，并且可以将某个学生和同班、同年级学生的平均数据进行对比，及时帮助学生纠正不良生活习惯。基于5G的学生身心健康评价应用主要体现在以下几个方面（见图3-7）。

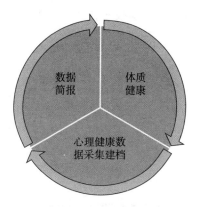

**图3-7  基于5G的学生身心健康评价**

### ★体质健康

通过5G、人工智能等技术，学校可以建立学生体质健康监测系统，该系统能够利用智能教学设备、智能可穿戴设备、体质检测设备等，对学校体育活动、体质检测活动等进行全面记录，从而获得学生的体质健康大数据，并在此基础上生成学生体质健康分析报告。

智能体质健康设备具有全自动测量、智能判定测试结果、数据采集、数据存储、数据恢复等多种功能，同时，将其和非接触式IC卡或条码扫描仪等设备相结合，可以对测试者身份进行自动识别，大幅度提高测试效率。

### ★心理健康数据采集建档

学生健康评价系统将根据学生心理健康数据为学生建立电子档案。在该档案的支持下，学校可以针对学生在校期间的异常表现发出预警，提醒教师、学校工作人员、教育主管人员等制定有效方案，保障学生身心健康。

学校可以根据学生心理状况，开展更具针对性的心理健康辅导工作，同时，可以及时找到影响学生心理健康的高风险因素，与家长、教育主管单位等协同配合，提高学校心理健康管理水平。

### ★数据简报

利用大数据、云计算等技术，长期为学校提供专业化、立体化、全面化的学生身心健康数据简报，通过智能算法，自动生成学生身心健康评估报告，并提供心理健康风险预警，帮助学校管理者制定更为科学、合理的校园心理安全建设方案。

## 数字化博物馆的虚拟体验

赋予文物更多的交互性，让游客可以更加全面、真实地感知历史是当代博物馆发展的主流趋势。为此，博物馆需要引进5G、AR/VR等先进技术，持续推进自身的数字化、智能化、智慧化转型。

早在2017年，文化部便出台了"关于推动数字文化产业创新发展的指导意见"，引导博物馆等文创产业积极向数字化方向转型升级。

利用扫描仪、物联网、人工智能、AR/VR等技术，博物馆可以将文物资源数字化，并将其呈现在虚拟化的历史场景中，让游客对文物的认识不再简单地局限于文物本身，而是能了解到与其相关的历史文化、人物等。文物资源数字化以后，博物馆还可以通过动漫、影视、手办、纪念品等形式，让文物走进广大民众的文娱生活之中。

通过新一代信息技术，博物馆可以为游客创造线上、线下相结合的极致体验。在线上，游客可以通过智能手机、VR头盔等设备近乎真实地参观博物馆，欣赏各种精美文物。与此同时，利用新媒体和博物馆工作人员进行实时交流与沟通，了解文物背后的各种故事，解答自身的各种疑惑等。

在线下，博物馆将从视觉、听觉、触觉、味觉、嗅觉等多个方面对游客进行刺激，对历史场景进行高度还原。另外，博物馆工作人员还将扮演古人，与游客进行互动交流，让游客享受前所未有的极致体验。

在5G时代来临后，AI、AR、VR等技术在各行业的应用将持续深入，博物馆的数字化虚拟体验也将具备落地的可能。数字化虚拟体验在数据记录、交互模式、互动体验等方面具有显著优势。博物馆的数字化建设不仅为博物馆运营管理提供了全新的工具和策略，还极大地拓展了博物馆的文化价值。

在5G网络的支持下，利用AR、VR、AI、自动化等技术，博物馆可以让生硬冰冷的文物充满活力与温度。用户通过手机扫描文物，可以在三维立体虚拟空间中获取文物材质、功能、背后的故事等方面的信息，还可以与历史人物沟通交流，体验一场穿越到古代的时空之旅。

博物馆数字化之后，游客可以打破时间与空间限制感受古代生活，近距离地触摸厚重深远的历史文化。基于此，将有越来越多的民众被数字博物馆吸引，主动了解文物蕴藏的文化内涵，成为中华优秀传统文化的传承者和弘扬者。

# CHAPTER 4
# 5G+医疗：智慧医疗的关键路径

## 4.1 5G医疗：智能时代的医疗革命

### "5G+远程医疗"的应用场景

5G究竟有何功能？为了让人们更直观地感受5G，某企业在2018年4月发布了一则5G应用演示视频。在这个视频中，一部5G原型机在8秒钟之内下载了一部1.2GB的电影，在线观看电影的缓冲时间为0，而且可以随意拖动2K视频进度条，即便观看3D视频直播也没有网络延迟。

随后，5G实现了最高下载速率——1.41Gbps，展示了全球第一个基于3D结构光技术的5G视频通话，这标志着未来人们仅凭一部手机就能观看3D电影，进行3D视频对话。当然，5G的功能不只限于此，它可以改变很多行业，尤其是医疗行业。

2018年，中国信息通信研究院联合IMT-2020（5G）推进组举办了一场名为"绽放杯"的5G应用征集大赛，吸引了300多个项目参赛。从发展阶段、市场前景两个维度对这些参赛项目进行分析后发现，在5G应用的各个行业中，医疗健康行业位居前列。

虽然5G可以满足不同医疗场景的通信要求，但不是所有的医疗场景都需要5G，5G也没有强大到可以支持所有的应用场景。通过对已经部署了5G网络的医院进行调研后发现，只有在那些需要传输大量数据、降低信息传输时延、开展高清视频通信的医疗场景，5G才能发挥出应有的效用。

在医疗健康行业，5G的应用场景非常多，但场景不同，5G要发挥的作用不同。目前，5G在医疗行业的应用主要有三类：一是远程诊断类，二是远程会诊类，三是远程操控类（见图4-1）。

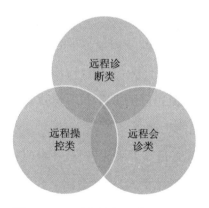

图4-1　5G在医疗行业的三大应用

#### ◆远程诊断类

远程诊断指的是邀请方医疗机构利用5G网络向受邀方医疗机构发送患者的临床资料、CR与DR影像资料等，受邀方医疗机构根据这些资料出具诊断报告。目前，远程诊断主要适用于远程影像诊断、远程心电诊断、远程超声诊断、远程病理诊断等。

在远程诊断过程中，邀请方医疗机构将检验资料上传到远程医疗平台。受邀方医疗机构通过远程医疗平台获取资料，并根据资料进行诊断，生成诊断报告，上传到远程医疗平台。邀请方医疗机构再通过远程医疗平台获取诊断报告，对患者的病情做出诊断。

远程诊断传输电子病历、诊断结果等资料，信息传输速率只要达到200Kbps即可，但如果要传输CR、DR、MRI等影像资料和B超资料，信息传输速率就要达到13Mbps，而现有的4G网络传输速率只有10Mbps，导致资料传输时间过长，受邀方医生、专家下载资料所用时间过长，给诊断效率造成不良影响。

相较于4G来说，5G的传输速率要高很多，能够达到1Gbps，使影像资料传输速率得以大幅提升。受邀方专家无论身处何地都能快速下载远程医疗平台上的资料，非常方便快捷。另外，5G网络的可靠性非常高，可以防止数据在传输过程中被盗，切实保护患者的隐私安全。

### ◆远程会诊类

远程会诊指的是在5G网络环境下，医疗机构之间利用远程视频系统共享医疗资料，对患者病情进行会诊。远程会诊需要将患者的影像报告、血液分析报告、电子病历等数据上传到远程医疗平台，医疗专家通过远程医疗平台下载、查看资料，为邀请方医疗机构的医生提供诊断指导，提高疾病诊断的准确性，让患者可以就近享受优质的医疗资源。

在4G网络环境下，医院可以配置1080P的高清视频设备，但无法支持传输速率在20Mbps的4K等超高清视频设备。在这种情况下，传输速率可达1Gbps的5G就成了医院必须引进的技术。

5G的高传输速率不仅可以支持医生、专家、患者之间开展超高清视频通话，还能使专家、医生在视频通话过程中秒速下载资料。另外，5G网络可以保障医生、专家、患者之间进行实时通话，让三方沟通更加顺畅，沟通效率更高。

◆ **远程操控类**

远程操控类场景需要超高清的画面，无论是远程机器人超声，还是远程手术，医生都要通过超高清的画面保证操作的精准性，因此，该场景对网络带宽、通信时延的要求极高，要求网络带宽达到15Mbps～1Gbps，通信时延降至1毫秒以内，保证画面与操作同步，保证操作安全。尤其是远程手术，需要连接很多设备（如生命监测仪、心电图机、除颤监护仪、高清视频设备等）和主体（如医生、护士、患者等）。

在前两类应用中，医疗行业可以利用5G高带宽的特性对信息进行高速传送，这些信息包括患者的生命体征数据、影像诊断结果、生化血液分析结果、电子病历等。在远程会诊、远程诊断过程中，5G可支持一二线城市三甲医院的医生、专家与基层医生、患者开展高清视频会话，提高会诊效率，保证诊断结果的准确性。同时，因为5G网络具有高可靠性，可以保证电子病历、影像诊断等资料实现安全传输，降低数据泄露风险，保证个人隐私安全。

在第三类应用中，为了让5G网络的特性充分发挥，在上行数据发送方面，UE通过可配置调度，直接以预先分配资源为基础发送数据，降低数据传输时延。同时，物理层专用控制信道也使用冗余方式为数据的可靠传输提供强有力的保障。在移动急救、远程手术的过程中，借助5G网络，医生可实时掌握前端的手术情况，为主刀医生提供准确指导，或向前端机器人发出准确的操控指令。

另外，如果救治过程需要同时连接多个设备，比如生命体征监护仪、心电图机、除颤监护仪、血液分析仪等，5G网络不仅可以保证这些设备通信正常，提高救治效率，还能降低医疗事故的发生率。

所以，对于远程监测类、远程会诊与指导类医疗场景来说，5G网络可以为其带来高带宽、高可靠性的体验；对于移动急救、远程操控类医疗场景来说，除高带宽、高可靠性体验之外，5G还能为其带来超低延时、超大连接数量的通信效果。

## 5G医疗落地的四大维度

5G技术可以很好地满足远程医疗对信息传输安全性、稳定性和时效性等方面的要求，可以让医生借助5G网络实时获取图像、语音、视频等信息，为远程诊断、会诊、手术等提供强有力的支持。

以北京301医院利用5G技术实施远程医疗实验项目为例，该项目由北京301医院肝胆胰肿瘤外科主任刘荣主刀。在整个手术过程中，刘荣主任身处福州长乐区中国联通东南研究院，利用5G技术向50公里外的机器人手术钳和电刀发送指令，成功完成了对实验动物肝小叶切除手术，整个手术历时近1小时，是全球首例利用5G技术开展的远程手术。

虽然5G适用于多元化的医疗场景，但场景不同，需要的5G关键性能也不同。为保证各项医疗活动能够顺利开展，医生在各个医疗场景的介入程度，医院在各医疗场景中投入的设备数量应有所区别。另外，因为每个应用场景对应的疾病治疗环节不同，所产生的医疗风险的程度也不尽相同。也就是说，每个应用场景的落地难度都不同。

为了对5G在各个应用场景落地的难度进行准确评判，业内人士给出了四个维度，分别是5G性能复杂度、医生介入程度、设备投入数量、医疗安全风险（见图4-2）。

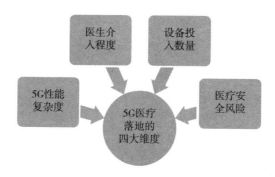

图4-2　5G医疗落地的四大维度

#### ◆5G性能复杂度

5G性能复杂度评判的是每个应用场景对eMBB、URLLC以及mMTC的依赖程度。根据5G网络建设的推进计划，5G最先满足的是eMBB性能要求，然后满足URLLC和mMTC性能要求。因此，如果某应用场景依赖的是eMBB，落地难度就比较低；如果某应用场景依赖的是eMBB和URLLC，落地难度适中；如果某应用场景对eMBB、URLLC和mMTC都有要求，落地难度就比较大。

#### ◆医生介入程度

有的应用场景只需护士介入，比如无线监测；有的应用场景需要医生介入进行诊断，提供指导，比如移动急救；有的应用场景需要医生深度介入，进行远程操作，比如远程机器人超声等。

#### ◆设备投入数量

各个应用场景都需要投入一定的设备，这些设备包括两类：一类是通信设备，一类是医疗设备。有的应用场景需要的设备数量少，只需投入高清视讯设备，落地难度小；有的应用场景不仅需要投入高清视讯设备，还需要投入生命监测仪、PDA终端等设备，设备投入量适中，落地难度适中；有些应用场景需要的设备非常多，除上述设备外还需要心电图机、除颤监护仪、血液分析仪、手术器械等，落地难度较大。

#### ◆医疗安全风险

医疗安全风险在很大程度上取决于医疗行为、医生介入程度。如果某应用场景只需要护士介入，安全风险会很低；如果某应用场景需要医生介入，但不会对患者身体进行入侵操作，安全风险适中；如果某应用场景需要医生远程操控机械对患者身体进行入侵操作，安全风险就相对较高。

通过上述分析可知，无线监测、远程会诊、远程诊断、移动查房等场景应用5G的主要目的是扩大医疗数据的传输规模，提高医疗数据传输速率，投入的设备主要是高清视讯设备、PDA等，数量较少，医疗安全风险较低，是5G率先落地的场景。

导航定位、虚拟示教培训两大场景对网络通信时延提出了较高的要求，但因为有一线医务人员在场，没有医生以入侵的方式接触患者，所以安全风险较低，会成为5G第二个落地场景。

远程手术不仅对网络带宽、时延有较高的要求，而且需要医生远程操控机器人进行手术，安全风险较大。另外，现阶段，关于远程手术的操作规范还未出台，一旦出现医疗事故，责任主体很难界定。因此，远程手术会成为5G最后一个落地场景，在相关政策标准出台后才能落地。

## 国内5G医疗的探索与实践

目前，5G在医疗健康行业的应用还处在试验阶段，我国三大运营商（中国移动、中国电信、中国联通）通过在部分医院部署5G网络环境，对5G在医疗场景的应用方式、应用流程、应用效果等进行探索。近一两年来，部署5G试验网络的医院越来越多，出现了很多相关应用，具体分析如下。

2018年11月27日，中国移动湖北公司与华中科技大学同济医学院附属协和医院签署共建合作协议，双方将共同打造湖北首家5G智慧医院，在5G医疗应用场景探索、医院智能化运维、院区智慧化、物流自动化等方面开展一系列合作。双方将在新型诊疗、智慧院区、急救等项目研究中进行深度合作，重点建设远程手术、远程诊断、机器人查房、可穿戴医疗设备等项目。同时，积极开展机器人自动化物流、物资全程追踪、以物联网技术为核心的医院智能运维，促使智慧医院建设迈向全新的发展阶段。

中国移动湖北公司积极开展5G网络建设，和华中科技大学、武汉大学等知名高校合作，建立5G联创实验室，以行业应用为导向进行5G研发，进一步加快5G项目产业化进程。目前，在远程驾驶、无人机巡检等领域，该实验室取得了不错的成绩。

2019年1月3日，智慧医院5G实验室正式挂牌成立，该实验室项目由安徽电信、中国科学技术大学附属第一医院及相关厂家联合发起，标志着在安徽省内，中国科学技术大学附属第一医院将率先开展"5G+医疗"试验。根据项目主体发布的合作内容，该项目的参与方将致力于推动5G技术在智慧手术室、智慧病区、智慧后勤、远程医疗等场景应用。

2019年2月24日，北京移动与华为合作在中日友好医院部署5G室内数字化系统，致力于将5G技术应用于移动查房、移动护理、移动检测、移动会诊等场景。

2019年2月26日，成都市第三人民医院的周鸿主任与蒲江县人民医院的医生利用5G网络开展了一场远程超声会诊。在此次远程会诊中，相隔近百公里的两家医院的医生通过5G网络开展高清、流畅的视频通话。高带宽的5G网络使得远程超声诊断系统与近端超声检查图像高度一致，使会诊准确率得以大幅提升。

2019年3月，河南移动在郑州大学第一附属医院建立了5G试验基站，华为Wireless X Labs也参与了此次部署，该基站主要应用于远程会诊、移动查房机器人、远程B超等医疗场景。

从地域来看，这些部署5G网络的医院主要分布在北京、四川、河南、安徽、广东等为数不多的几个省市，主要功能是为5G网络在全国医院的部署打造成功的案例。另外，从合作的医院来看，目前部署5G网络的医院都是所在省份排名十分靠前的三甲医院，基础设施完善、医疗设备先进、专家资源丰富，可以从技术、人才等方面为5G网络的部署试验提供强有力的支持。

除上述已经部署了5G网络的医院之外，还有一些医院与三大电信运营商建立了合作关系，比如广东省人民医院、武汉大学中南医院、南昌大学第一附属医院、浙江大学医学院附属邵逸夫医院、深圳市人民医院、武汉协和医院、青岛大学附属医院等。目前，这些医院正努力为部署5G网络做准备，相信在不久的将来，这些医院都会完成5G网络的部署，进而带动更多医院进入5G网络时代。

## 国外5G医疗的探索与实践

在国内电信运营商与各大医院合作部署5G网络的同时，国外电信行业的巨头也在"5G+医疗"领域积极布局，比如AT&T、Nokia、Vodafone等。

AT&T携手拉什大学医疗中心为芝加哥医院提供5G网络建设服务，希望将芝加哥医院打造成全美第一家支持5G功能的智慧医院。同时，AT&T还与VITAS医疗中心合作，试图利用5G网络、AR/VR技术，帮临终患者减少生理上的疼痛与心理上的焦虑。

Nokia联合芬兰奥卢大学启动了一个名为"OYS TestLab"的项目，这是一个在5G网络环境下发起的医疗试验项目，主要在移动急救场景中使用，通过为救护车、急诊部门之间的实时数据传输提供通信支持，让急诊部门对患者运送过程进行实时监控，根据患者的病情远程指导救护车上的医护人员进行急救，同时做好急救准备，包括急救专家、医生、护士等人员准备及医疗设备准备，提高急救效率与成功率。

Vodafone联合巴塞罗那的Clínic医院利用5G网络开展了一场远程手术试验：Clínic医院的Antonio Lacy博士为5公里外一名患有肠肿瘤的患者实施了全球第一例5G动力远程控制手术，这场手术的成功完成让Clínic医院成为西班牙第一家5G智慧医院。

2018年10月，Verizon 5G实验室组织了哥伦比亚大学计算机图形与用户界面实验室的学生与教师利用5G技术开展远程物理治疗项目测试。

Verizon 5G实验室工作人员指出，随着5G商业化应用不断深入，与患者直接交互的医院将发生重大转变。医院内部的物流机器人、导诊机器人、手术机器人、护理机器人等将在5G、物联网等技术的支持下实现互联互通，减轻医疗工作者工作负担的同时，还能为患者提供更优质的就医体验。

从整体来看，远程物理治疗不过是5G技术在手术领域诸多应用场景之一，随着5G技术的进一步发展，医疗机构将为患者提供个性化的医疗解决方案。

2019年1月，拉什大学医学中心与Rush System for Health和AT&T达成战略合作，致力于推动5G网络在美国第一个医疗机构中落地。得益于5G技术的优势，Rush System for Health可以在医疗系统中应用一系列创新技术。同时，AT&T还将为Rush System for Health提供多接入边缘计算等方面的支持，它可以让Rush System for Health借助本地网络和广域网对其蜂窝流量进行高效管理，充分迎合数据传输及处理应用程序等需求，提高医疗服务能力，改善患者医疗体验。

5G技术可以为分布式计算与医疗保健设备运行提供强有力的支持，比如5G技术可以支持医生在几秒钟内完成大型实验室文件下载，或向医疗专家寻求指导与帮助等。

## 4.2　基于5G的智慧医疗应用场景

### 场景1：无线监测

无线监测指的是利用生命体征监测仪或可穿戴智能设备，对术后患者和突发性疾病患者的血压、血糖、心率等指标进行实时监测，将得到的数据通过5G网络传送给医护人员，让医护人员实时了解患者的生命体征，判断患者是否出现了术后并发症，病情变化是否存在较大风险等。

对于冠心病和脑卒中等突发性疾病患者，医护人员对其进行无线监测可实时掌握其活动情况，一旦发生异常情况可立即进行急救。无线监测需要对被监测者的生命体征进行实时了解，将经过处理的数据传送给医护人员，使医护人员实时掌控患者的病情。对于这些突发性疾病患者来说，抢救时间与抢救效果在很大程度上取决于无线监测的报警时间。

根据医疗行业发布的数据显示，2016年，我国排名前十的三甲医院的平均床位数为4900张，连接了1万多个体征监测设备、穿戴设备、传感设备、接收设备等设备。在现有的网络条件下，每平方公里可连接的设备最多不超过1万台。

未来，随着医院的床位数不断增加，连接的设备数量将成倍增加。要想满足这些设备的连接需求，必须有更先进的网络技术。5G大规模天线技术的频谱使用效率更高，使空间复用率得以大幅提升，每平方公里可连接的设备数量增至100万台，可实现超大容量连接。

无线监测不仅可以监测患者的生命体征、设备的运行情况，还能对部分设备进行控制。比如，在以 5G 网络为基础的无线输液设备管理系统中，医护人员可以利用输液监测器等物联网设备实时监看患者的输液进度。因为 5G 网络具有低时延的特点，所以一旦发生跑针或输液将要结束等情况，输液监测器会立即向护士发生警报，通知护士立即赶来处理，从而降低医疗事故的发生率。

### 场景 2：AR/VR 手术培训

虚拟示教培训指的是青年医生利用 VR/AR 设备接受培训专家的远程培训，按照培训专家的指导开展相关的医学治疗操作。目前，很多医院将虚拟示教培训，尤其是手术虚拟示教培训视为提高青年医生实际操作技能的重要途径。

AR/VR 手术培训属于强交互应用场景，用户使用 AR/VR 交互设备，使受训者感受到虚拟环境的变化，增强受训者的沉浸感。

强交互 VR/AR 对网络带宽及数据传输时延提出了较高的要求。因为在 AR/VR 手术培训场景中，要想增强受训者的沉浸感，必须提高画质分辨率、数据传输速度、交互处理速度等，尤其要提高数据传输速度。

迄今为止，VR/AR 经历了四个发展阶段，对数据传输速率与传输时延的要求逐步提升，其中，数据传输速率从 25Mbps 增至

1Gbps，数据传输时延从40毫秒降至10毫秒。在4G网络环境下，VR/AR对数据传输速率与传输时延的要求很难得到满足，佩戴者感觉眩晕的情况频频发生，佩戴的舒适性、数据的获取性较差。

而5G的数据传输速率要比4G高很多，一般情况下，5G网络的数据传输速率为1Gbps，最大数据传输速率可达10Gbps，数据传输时延不足10毫秒，可以很好地满足AR/VR手术培训对数据传输速率与时延的要求，打造一个沉浸感较强的体验环境，增强用户的沉浸感。

## 场景3：移动急救与移动查房

### ◆移动急救

"移动急救"指的是急救人员、救护车、应急指挥中心和医院相互协作开展的医疗急救服务。急救响应时间越短，患者的存活率就越高。根据国际急救经验，如果急救响应时间在4分钟以内，患者的存活率接近50%；如果急救响应时间超过4分钟，在6分钟以内，患者的存活率将低于10%。另外，除颤时间每推迟1分钟，患者的存活率就会下降7%～10%。

现阶段，移动急救面临着很多问题，比如信息采集、传输效率、数据处理等。在移动急救场景中，在接到求救电话之后，急救人员立即赶赴现场，对患者进行初步检查，将相关数据实时传送到应急指挥中心。应急指挥中心的专家根据这些数据制定急救方案，通过移动设备指导现场的急救人员实施初步抢救，稳定患者病情，为后续的医院治疗做好准备。在将患者送往医院的过程中，急救人员要将患者的电子病历、生命体征等信息上传到远程系统，以便准备参与救治的医生实时了解患者的病情。

目前，医院使用的多是1080P高清视频设备，其视频画面的清晰度较差，无法将患者受伤情况清晰地展示出来，无法让医生清楚地看到患者受伤部位的细微情况。为了方便医生对患者的受伤情况进行细致入微的观察，指导一线急救人员进行精准施救，降低救治不当等情况的发生率，医院需要引入4K超高清设备，而这需要5G网络的支持。同时，5G的低延时特性支持一线急救人员与指挥中心的专家进行实时通话，方便专家对患者的病情发展进行实时掌控，对施救方案进行实时调整，切实提高救治的成功率。

### ◆ 移动查房

"移动查房"指的是在无线网络环境中，医生使用手持移动终端进行日常查房，与医疗信息系统建立连接，实时输入、查询或修改患者的电子病历，快速查阅医疗检查报告。

虽然在4G网络环境下，医生与患者可以在线交流，医生也可以使用移动设备对患者的生命体征数据、心电图等资料进行在线查询，但整个过程存在很多问题，比如医疗数据量大、数据存在安全隐患、数据传输不稳定等，资料采集与传输都无法做到实时。

5G网络为上述问题提供了有效的解决方案。首先，5G网络的高带宽可实现大规模医疗数据的传输，保证数据传输的稳定性；其次，5G网络的高可靠性可防止数据在传输过程中泄露；最后，5G网络的低时延可支持医生边查房边查阅患者资料，制定下一步的诊疗方案。

## 场景4：GPS导航系统

### ◆院内导航

院内导航指的是就诊指引，根据患者需要显示各科室的信息，为其规划到达路线，缩短患者的寻找时间，带给患者更优质的就诊体验。

目前，医院的院内导航主要建立在GPS定位的基础上，定位的精准度不高，无法很好地满足患者的室内定位需求。要想提高室内导航的精度，必须提高定位精度，将定位误差降到1米以下，还要对楼层进行准确分辨。5G支持下的高精度融合定位技术可以对用户所处环境做出准确识别，并结合实际情况选择合适的定位系统。

对于5G高精度定位来说，融合定位是其最主要的发展趋势，室内环境使用Wi-Fi融合带内信号、PDR的方式，超带宽环境使用UWB方式。

### ◆城市导航

目前使用的GPS导航系统是一种2D平面下的定位和路线指引，没有考虑周边环境对导航的影响。

未来，在5G技术的支持下，导航系统可以在跟踪设备上同步传输音视频，不仅可以为用户指引方向，还能通过影像分析实时调整导航，以免发生突发情况。比如，达闼科技研发的导盲头盔可以采集周围的声音与图像，并将相关数据上传到云端进行AI分析，将分析结果转化为声音对盲人进行引导，保证其行走安全。

导盲头盔系统与AI技术结合可为用户提供AI导航服务，该服务要求数据传输速率达到30Mbps，数据传输时延降至20毫秒。现有的4G网络很难满足这一要求，只有高带宽、低时延的5G才能做到。

## 4.3　5G医院：构建未来医院新生态

### 互联网医院的崛起

传统医疗以线下医疗为主，医院在其中扮演着主导角色，优质医疗资源的稀缺性，造成了医院看病难、看病贵、患者就医体验不佳等诸多问题。破解医疗痛点，是增进民生福祉的重要手段。

我国医疗信息化建设始于20世纪90年代，之后随着技术发展与产业革新，医疗产业又经历了互联网化、数字化阶段，在这个过程中，智慧医疗理念逐渐兴起，成为医疗行业的主流发展趋势。近几年，得益于大数据、云计算、AR/VR、人工智能等技术的发展与进步，智慧医疗迎来快速发展期。

国内首家互联网医院是广东省网络医院，该医院于2014年10月正式运营，由深圳友德医科技有限公司与广东省第二人民医院联手打造。2015年3月上线的宁波云医院是我国首家云医院。此外，舟山群岛网络医院、乌镇互联网医院也在同一年上线。2016年，我国新增互联网医院近20家，比如阿里健康网络医院、39互联网医院等。同时，遵义云医院、银川智慧互联网医院等也在建设之中。

根据动脉网·蛋壳研究院发布的统计数据显示，截至2018年11月，我国进入正式运营阶段的互联网医院大约有119家。互联网医院的快速发展，为医疗行业转型升级增添了新活力，医生、患者、设备、医院等主体之间的实时交互也有望因此实现。

2018年4月，国务院办公厅出台《关于促进"互联网+医疗健康"发展的意见》，该文件强调："支持医疗卫生机构、符合条件的第三方机构搭建互联网信息平台，开展远程医疗、健康咨询、健康管理服务，促进医院、医务人员、患者之间有效沟通。"

2018年9月，国家卫健委出台《互联网诊疗管理办法（试行）》《互联网医院管理办法（试行）》《远程医疗服务管理规范（试行）》三份文件。这些指导文件的密集出台，将为互联网医院产业的健康有序发展提供强有力的支持。

2019年3月27日，全国首家"互联网+支付宝全流程就医服务"未来医院正式上线。该医院由武汉市中心医院、阿里健康、支付宝共同建设，能够对就医流程进行优化完善，提高患者就医体验，是推动移动医疗惠民服务的重要组成部分。

患者享受该医院提供的医疗服务前需要将支付宝和就诊账号绑定，成功绑定后便可在医院享受高效便捷的无卡就医服务。未来医院还可以为用户提供远程视频复诊服务，让高血压、糖尿病等慢性病患者在家即可与医生沟通、交流。医生可根据远程复诊结果为病人开药，并将其交由专业的配送人员为病人送药上门。

事实上，早在2014年，阿里巴巴便开始实施"未来医院"计划，希望借助互联网实现线上线下的无缝对接，对医疗资源进行高效整合与配置，加快完善医疗服务体系，为患者提供更加人性化、个性化的医疗服务。同时，"未来医院"将采用现代化的管理理念进行内部管理，成为医疗机构管理创新的典型。"未来医院"整合了移动支付、大数据、人工智能等技术，可为患者提供集刷脸就医、信用支付、医保结算、送药上门等服务一体化的医疗方案。

随着5G技术不断发展，类似医疗案例将大量涌现，为患者提供优质高效医疗服务的同时，也将推动我国医疗产业发展日渐成熟，实现从传统医疗向智慧医疗的转型升级。

2019年3月16日，中国人民解放军总医院、中国移动、华为合作完成了国内首例基于5G的远程人体手术——"帕金森病"脑起搏器植入手术。在手术中，医疗专家位于北京的中国人民解放军总医院第一医学中心，借助5G网络操控海南医院的专业设备为患者手术，两地相距近3000公里，整个手术持续了近3个小时。

远距离、手术耗时较长的远程医疗手术对网络性能提出了极高的要求，而通过4G网络进行这类手术时，存在视频画面不清晰、控制延迟等问题，从而导致手术的安全性、可靠性、稳定性难以得到充分保障。而利用5G网络后，医生可以远程获取高清晰度的患者手术实时画面，对机械臂等医疗设备进行远程精准控制，手术成功率大幅度提高。

2019年4月3日，广东省人民医院和广东高州市人民医院合作完成国内首例AI+5G心脏病手术。在手术中，医疗专家在广东省人民医院通过5G传输的实时高清手术画面，为约400公里外的高州市人民医院主刀医生提供指导，使后者成功完成心脏腔镜手术。

广东省人民医院自主开发了全自动AI去噪以及建模软件，可以一键完成建模，使建模时间从2～6小时缩短至2分钟以内，并自动生成3D数字心脏模型（STL格式），之后可由3D打印机打印实体1∶1心脏模型。

随着5G商业化进程进一步加快，医疗行业将发生颠覆性革新。基于5G技术的万物互联让医疗工作者、患者、医疗设备和系统等能够实现实时双向互动，整个医疗过程将全面实现数字化、可视化，让广大民众享受到更安全、更便捷、成本更低的医疗服务。

## 5G智慧医院的应用场景

医疗行业的转型升级进程比较缓慢，这和医疗行业本身的特性存在直接关系。从整体来看，医疗行业是一个特别强调专业性的特殊行业，为了保护个人隐私、协调医患关系等，医疗行业的转型升级进程比较滞后。

5G和物联网等技术的融合应用能够充分利用高带宽、低时延等优势，对场地进行远程精准控制；5G和大数据技术的融合应用可以让医院内外部的医疗设备全面联网；5G和边缘云技术的融合应用有助于提高医疗服务的响应速度等。这将使医疗应用场景的连接范围、稳定性等得到有效改善。未来，5G智慧医院将率先应用在以下几个场景中（见图4-3）。

**图4-3　5G智慧医院的应用场景**

### ◆远程医疗

借助5G远程医疗方案，医生可利用5G技术实时获取救护车上患者的信息，快速完成初步诊断，制定有效的医疗方案，为救护车上的工作人员提供更专业的指导，提高救治成功率。在5G测试项目中，利用5G技术进行远程高清实时视频通话已经成为现实。

需要注意的是，在5G远程医疗方案中，除了要在网络层部署大量设备之外，还要在底层硬件方面投入一些资源，只有这样才能为基础功能的实现提供有效支持，为网络端信息流的输入和输出提供辅助。进入数字经济时代以来，数据规模大幅度增长，数据类型越发多元化，再加上医疗行业本身对安全性、时效性、稳定性的较高要求等，都对医疗智能硬件提出了较高的挑战。

### ◆ 医疗器械联动

医疗工作人员在日常工作中需要借助大量的专业设备开展工作，比如诊断仪、检测仪、X光机等。现行医疗系统中的医疗设备往往处于独立运行状态，数据未能实现实时流通与共享，对提高医疗效率、降低医疗成本产生负面影响。

而5G、物联网等技术的发展将为医疗设备互联互通提供强有力的支持，加快实现医疗场景信息化。特别是嵌入式主板、核心板等关键医疗智能硬件，网络环境兼容性、适应性，以及数据处理能力等，都将在5G技术的支持下实现革新。

### ◆ 全电子化流程

传统医疗系统存在比较严重的医疗流程不透明问题，医疗单据、手续、流程烦琐复杂，给就医人员造成了极大的困扰。5G技术将在医疗流程电子化过程中扮演非常重要的角色，它能够促进信息在医生、患者、设备供应商、技术开发商、监管部门等各医疗产业链参与主体之间的实时流通共享，大幅度降低患者就医的时间成本，提高医疗流程的透明性。

目前，部分医疗机构的自助医疗设备已经可以让患者自助完成挂号、充值、查询等操作。随着5G技术进一步发展，这些自主医疗设备的性能将进一步提升，将有越来越多的医疗环节实现数字化、自动化，最终使整个医疗流程实现电子化。

### ◆医疗数据挖掘

现阶段，我国医疗数据资源利用率较低，数据资源的潜在价值未能得到充分释放。特别是在各部门、各流程数据相互独立的情况下，对数据资源的挖掘利用受到了较大限制。因此，通过5G和大数据技术对医疗行业大数据进行采集、清洗、过滤，利用机器学习进行智能决策，可以使医疗资源实现高效配置，使业务流程实现全面优化，为医疗行业发展注入新活力。

为此，各大医疗机构需要进一步提高医疗基础硬件的工作性能和协同性，从网络环境兼容性、人机交互体验、患者数据搜集与反馈等方面对智能硬件进行改造升级。

综上所述，5G和大数据、物联网等技术在医疗领域的落地应用，为医院智能化、医疗产业智慧化提供了良好的技术环境。未来，在我国庞大的医疗需求与利好政策的支持下，智慧医疗将进入快速发展期，在为广大民众提供安全、便捷、高效、低成本的一体化医疗解决方案的同时，还能创造巨大的经济效益。

## 医院5G部署与建设路径

5G医院网络部署非常复杂，不仅要经过一系列科学论证，医院的选择、部署区域的选择、相关科室的选择、部署方式的确定等，还要遵循很多要求。医院要想完成5G网络的部署应用，必须与通信设备供应商、医疗器械供应商、电信运营商开展良好的协作。

现阶段，5G通信网络建设有两种方式：一是新建，二是改造（见图4-4）。

**图4-4　5G通信网络建设的两种方式**

### ◆新建

新建就是根据5G的通信要求建造一个全新的5GNR，不会对现有的网络基础设施造成任何破坏。作为一个新的无线接口，5GNR可促使数据传输量、容量和效率得到革命性提升。

（1）在5GNR环境下，频率在6GHz以上的毫米波通信将获得更多频谱资源。根据3GPP关于第一版5GNR标准，其定义的频谱范围已经达到了52.6GHz，并在100GHz范围内寻找更多频谱，使通信容量得以大幅拓展。在应用端，毫米波要求匹配相应的通信设备，需要新技术及新产品架构，给医疗设备研发带来了很多新挑战。

（2）5GNR大规模天线基站使用波束赋形技术，通过波束，基站可以在最短的时间内对有通信需求的终端设备进行定位，然后利用业务波束信号在通信设备之间进行信息交互。

（3）5GNR使用CP-OFDM波形，辅之以灵活可变的参数集，对等级不同、时延不同的业务进行复用，并支持毫米波频段使用更大的子载波间隔，使同一时间传输的信息量得以大幅提升。

（4）5GNR核心网络具有灵活、智能、可重配的特点，支持运营商对某一业务或区域的网络参数进行动态优化，满足不同业务对通信网络的需求，提高用户体验，降低网络运营成本。

◆改造

改造主要是通过提升4G移动网络带宽，对LTE Advanced Pro进行改造来满足5G通信要求，它是3GPP在PCG第35次会议上确定的LTE新标准，是LTE Advanced Pro Release 14版本的进化与升级。其实，LTE Advanced Pro Release 14的很多功能都能满足5G网络的通信要求，比如一致的用户体验、无缝切换、低成本高覆盖、低功率广域应用等。

对上述两种路径进行比较分析可以发现，新建无须考虑现有网络的兼容性问题，可以使用毫米波、网络切片、波束赋形等新技术，提高信息传播速率、降低信息传播延时、保证信息传播的可靠性、实现海量通信等。但新建意味着要使用大量通信设备，投入巨大。

改造无须投入太多新设备，无须建造新基站，只需对相应的软件进行升级即可，资金投入较少，但改造后的网络体系使用的还是之前的网络架构与技术，在一定程度上影响了通信效率与质量。

目前，医院部署5G网络使用的多是新建5GNR的方式，保证5G网络能够为医疗行业带来一些真实的变化，切实提高医疗行业的运作效率。

在医院部署5G网络需要经过一个复杂的流程，包括签订协议、勘察选址、网络建设、网络调试、场景应用等。目前，"5G+医疗"试验正处于初级阶段，医院对于与通信设备供应商、电信运营商合作在医院部署5G网络，持欢迎态度。同时，电信运营商也在积极寻求与通信设备供应商合作，共同为医院部署5G网络。

因为正处于试验阶段，5G网络部署不会覆盖整个医院，而是会选择医院的部分区域或科室，电信运营商会根据医院的实际情况规划选址。比如，中国科技大学附属第一医院选择一栋楼作为5G试验区，交由安徽电信部署5G网络。

5G通信网络建设的难易程度主要取决于部署区域的范围和建筑结构。5G网络设施主要包括两部分，一部分是室外的基站建设，另一部分是室内的微基站安装。一般情况下，室内的微基站数量要比室外基站的数量多，为保证通信效果，每个楼层都要安装微基站，其数量要达标。在5G网络基础设施建成后，相关人员要对5G网络进行调试，检测网络通信质量是否达到了相关要求。

网络通信质量达标后，就可以在5G网络环境中执行远程监测、远程诊断、移动护理等任务，并将5G环境下的通信效果与之前的通信效果进行对比，将对比结果反馈给电信运营商，以便优化、改进。

在时间方面，虽然医院部署5G网络是一项复杂工程，但一般情况下，建设周期不会超过2个月，有些医院的5G网络部署只需1个月就能完成。

医院部署5G网络的参与主体主要有四个，分别是5G通信设备提供商、5G运营商、医院、医疗器械厂商。其中，5G通信设备提供商的主要任务是在医院安装5G设备，做好设备的运营与维护工作，是医院5G网络建设的投资者，投资金额达百万级，其中室内站投资在总投资中的占比超过了2/3。

医院的主要任务是提供部署5G网络的场地及在5G环境下参与医疗场景试验的人员，包括医务人员及患者，从人力、物力、财力等方面为"5G+医疗"在医院的落地提供支持。医疗器械厂商的主要任务是根据5G的通信要求对多功能检测仪、心电图机、超声仪、可穿戴设备等医疗设备进行改造，推动这些设备升级。

在5G网络环境中，患者的生命体征数据、电子病历、影像检查资料等数据将实现快速传输，医生之间、医生与患者之间可开展高清视频通话，实时了解患者的生命状态，为一线医生的急救操作提供有效指导。

因为5G有很多不同的性能，所以无须担心应用场景过多，5G无法满足不同场景的通信需求。目前，已有部分医院与通信设备商、电信运营商合作完成了5G网络的部署，为移动医疗事业的发展产生了强有力的推动作用。

# CHAPTER 5
# 5G+制造：实现智能工厂自动化

## 5.1 智能制造：5G重构传统制造业

### 5G重新定义智能制造

2019年4月10日，湖北移动与中国新科在湖北武汉举行了一场别开生面的发布会，会议主题为"5G智慧工厂"项目发布会暨"5G工业互联网"联合创新实验室成立仪式。"5G智慧工厂"隶属于中国信科集团旗下的武汉虹信公司，是中国第一条5G智能生产线。

这条生产线主要生产5G天线，共有隔离条自动焊接、振子自动上料等6道工序，全长30米。目前，这条示范线上的5G技术已在长虹厂区实现了广泛应用。在车间现场，焊接机械臂在布满元器件的绿色隔离带上自动游走，精准完成各个工序。与普通无人工厂的不同之处在于，在5G网络环境下，数据传输更加顺畅。

过去，无人工厂利用智能程序组装汽车的机械臂，机械臂只能承担一些比较单一的工作。在5G网络的作用下，生产现场的处理器、传感器实现了有效连接，机器人之间可以无障碍通信，承担更多复杂的工作。甚至，不久的将来，机器人可以完全取代人工，使生产方式得以彻底改变。

改造之前，该工厂是华中地区规模最大、自动化程度最高的无线产品制造基地，年产能超过50万件，也是我国第一个5G大规模天线全自动化生产基地。改造之后，通过引入基于5G的工业互联网的"5G无线+5G边缘计算+移动云平台"组网模式，虹信公司推出了一系列应用，比如生产管理中心、高清视频、产品交付等，可实现设备点对点通信、设备数据上云、横向多工厂协同、纵向供应链互联，打造设备全生命周期在线管理、运营数据监控与决策、订单全程追溯的透明交付。

这个智慧工厂项目使用了中国新科提供的5G产品及服务，比如5GSA核心网、边缘MEC、5GPico等。在5G无线网络方面，中国信科在该工厂建造5G基站，让5G网络覆盖了整个园区。此次智慧工厂项目还引入了边缘计算。室内布设了5G基站，可接入所有设备；机房布设移动边缘计算节点，可实现5G流量的本地卸载，降低网络时延。同时，边缘计算节点可作为工厂内外网的统一管理节点，对内外网流量进行灵活分配，保证企业信息安全。

此外，该项目还在湖北移动未来城IDC的云服务器上部署了云平台，云平台与公网、边缘计算相互连接。云平台部署了企业的工业互联网平台，为产业链协同提供有效支持，还能与企业现有的业务系统实现灵活连接。

项目落成之后，在5G的支持下，工厂智慧化管理有可能实现工业控制互操作。相较于改造前，改造后的工厂运行效率有望提升30%。通过这个项目，湖北移动与中国信科形成了可推广的智慧工厂解决方案，为其他企业的5G改造做出了有益示范。

4G影响的主要是个体消费者，5G影响的则是产业。从基础设施发展角度来看，5G凭借先进的技术力量，在细分领域得以应用，将推动多个行业转型升级，其中，工业领域受到的影响最为明显。

过去，工业运转主要依靠有线网，多采用现场作业方式，以条形码的应用居多，运营过程中经常发生迟滞问题。随着5G网络应用，工业领域将转换成无线网运营、远程控制作业，并实现物联网的普及应用，且能够提高各个环节运转的实时性，促使工业应用场景不断延伸。

从传统制造向智能制造转型是制造业发展的必然选择。智能制造的主流发展方向包括智能工厂、定制生产、制造业服务化等。在传统工业时代，制造企业大都通过有线技术建立连接。近几年，基于蓝牙、WirelessHART、Wi-Fi等无线技术的连接解决方案开始在制造企业得以应用。5G实现全面商用后，制造企业的智能化转型进程将明显加快。

5G的快速发展让人们对未来的社会生活充满期待。目前，

5G应用吸引了各行各业的目光，其具体应用领域包括车联网、虚拟现实、增强现实、智能制造等领域。那么究竟该如何理解"5G智能制造"呢？5G的应用又会给制造领域的发展带来哪些变化呢？

无论是在国家发展过程中，还是在人类社会发展过程中，制造业都发挥着至关重要的作用。很多国家都将智能制造的发展提升到了战略层面，制定并出台了一系列发展规划，如德国"工业4.0"、美国"工业互联网计划"以及我国的"中国制造2025"。智能制造的发展离不开先进的信息通信系统的支持，5G能够为智能工厂提供完善的服务。

从技术层面来看，智能制造是指大数据、云计算、人工智能、物联网技术在智能制造各个环节中的应用，即依托智能工厂完成核心制造环节的智能化建设，在完善通信网络服务系统的基础上开展端到端的数据交互，采用灵活的制造系统，根据客户的具体需求安排生产。

比如，在具体运营过程中，实现智能化升级的汽车生产线能够利用智能信息物理系统对汽车产品进行调度，让整个生产流程实现自动化。动态生产线能够根据客户的具体需求，采用定制化生产方式对汽车模块进行组合，并加快车辆生产进程，避免占用过多库存，造成过多的资金消耗，增加企业的生产成本。相比之下，传统的汽车生产模式则无法对接客户的个性化需求，而且生产环节耗时较长，难以降低生产成本。

通过对智能制造的概念进行分析可知，在智能制造过程中，工厂的生产设备与云平台需要进行信息交互，人工智能平台与各类传感器需要进行实时通信，人机交互更是如此，这就使智能工厂对通信网络提出了更高的要求，只有采用先进的无线通信技术才能满足其发展需求。

无线通信网络在智能制造领域的应用，不仅能够提高工厂生产和制造的灵活性，还能促使企业优化现有的生产流程，为生产线及工厂改造提供支持，同时以无线方式提高维护工作的完成效率，帮企业节省成本。

智能制造自动化控制系统的许多环节都要求通信网络做到低时延，具体包括化学危险品生产环节、需在特定环境条件下进行高精度生产制造的环节等。

对于温度传感器、压力传感器采集到的信息，需要通过低时延的网络发送给加热器、电子阀门或其他执行终端，只有这样才能保证最终操作的准确性，与此同时，为了避免生产过程中出现安全问题，还要确保网络服务具有高可靠性。另外，工厂通常需要通过传感系统连接上万个传感器，通过自动化控制系统连接上万个执行终端，无论哪种连接，都对网络服务的连接能力提出了较高的要求。

### 柔性化：设备间的互联互通

在信息化时代，人、设备、机器、产品之间相互隔绝的状态被打破，彼此之间的联系越发紧密，共同构成了一个完整的制造系统，并能够在系统运转过程中发挥协同作用。在升级改革过程中，制造业要学会利用先进的技术手段进行自动化转型，在用机器人代替传统人工劳作的同时，还能提高工厂自主决策的能力，促使工厂实现柔性化生产，提高整体的市场适应能力。

AI技术将在制造领域实现深度应用，让工厂利用认知分析、模式识别、机器学习等技术强化对自身运营过程的管理，向智能制造方向转型升级，在激烈的市场竞争中实现可持续发展。

智能工厂在智能制造系统中占据核心地位，而人工智能为智能工厂的发展提供了必不可少的支撑。物联网能够促使传感器、控制器、执行器等设备实现互联互通，并在此基础上利用人工智能技术对来自传感器的数据信息进行深度处理，从而推动智能制造不断发展。

随着工业互联网实现普及应用，网络与实体系统之间的独立状态将被打破。在物联网的支持下，传感器、处理器之间可进行信息传递与接收，不同机器设备之间可开展有效沟通与互动。在这种情况下，人与机器在工作中将发挥协同作用，共同推动制造系统正常运转。

另外，人机交互普遍存在于智能制造系统运转过程中，且制造企业常在产品改进、流程调整等领域应用人工智能技术。在传统模式下，工厂主要依靠专业人员进行预测性维护或分析机器的能耗情况，智能工厂则以自动化的方式完成这些工作。

5G技术在诸多场景中的应用落地能够促进国内制造业进行智能化改革，推进制造企业加快智能工厂建设。由此可以推测，随着越来越多的工厂实现自动化生产，"中国制造"将跻身世界先进产品之列，在国际市场上占据优势地位。

企业在开拓国际市场的过程中会发现，不同的市场存在不同的产品需求。为了提高自身产品的市场能力，企业应该对传统生产模式进行改革，开展柔性化制造。

工业机器人既要能够处理不同的业务，又要能够灵活移动，才能满足工厂柔性化生产需求。5G网络能够促进柔性化生产落地。工厂使用5G网络，不仅能够建成可靠、完整的网络系统，还能省去机器之间线缆铺设的成本投入，提高机器人移动的灵活性，使其能够在多元化的场景中满足企业的生产需求，承担更多工作内容。

5G网络能够为多项业务的开展提供相应的服务。在不同的生产场景下，工厂需要的网络服务也不同。有些业务对网络时延的要求较高，有些业务对网络可靠性、数据分析能力的要求较高。5G网络利用先进的技术手段，能够为工厂提供不同层级的网络服务，根据工厂的具体生产需求做出变化。举例来说，设备状态信息的传送需使用质量较高的网络服务。

此外，工厂利用5G能够建成完整的信息生态系统，围绕人与机器进行运营，实现人和物之间的高效连接，打破信息传递与接收所受的时空限制。随着消费者越来越注重商品与服务的个性化特征，他们与企业之间的关系将发生改变。在5G应用的基础上，消费者会参与到产品设计与生产环节中来。

## 一体化：精准管控生产流程

走进广州市昊志机电股份有限公司（以下简称"昊志机电"）的生产车间，你可以看到这样一幅景象：AGV 小车在遍布引导线的道路上匀速前进，将材料元器件送到特定机床，然后，机械手臂会将材料放到生产单元中研磨，并将成品放回 AGV 小车，最后，成品会按照预先设定好的程序进入下一环节，或直接进入仓库……

这个井然有序的生产过程是在复杂的程序编程与各个环节的密切衔接下实现的。过去，生产车间通信都需要借助 Wi-Fi 信号，但在昊志机电的厂房里，通信依靠的是5G网络。

该厂房目前拥有全球第一条电主轴全自动、智能、无人生产线。整个厂房设置了28组自动化生产单元，其所有的生产材料均利用 AGV 小车进行配送。对于整个智能生产线来说，MES 系统就是大脑，核心任务就是对 CAD 制图、生产计划设置、生产任务下达、生产材料配送、生产加工执行、产品配送、设备状态反馈保养等各个环节进行指挥。在5G技术的支持下，整个系统都将实现高度精确控制。

在传统 Wi-Fi 网络的支持下创建的自动化生产线,虽然能实现信息的高速传输,但无法解决网络延迟问题。在 4G 网络环境下,监控网络传输的画面经常出现卡顿、局部马赛克等现象,而且非常容易受到其他无线电信号的干扰。对于智慧工厂来说,4G 网络很难满足其生产要求,尤其是安全方面的要求。

如今,在这个智慧工厂中,大部分机器和设备都安装了传感器、PLC、RFID 等,其数据传输已经实现了 5G 传输。同时,在高带宽的 5G 网络的支持下,利用 VR/AR 技术,还通过计算机模拟合成的方法实现了对智慧工厂场景的模拟,可以让车间生产画面 360° 地呈现在数据设备上,帮助管理人员实时、准确地了解车间的生产进度、设备状态与质量情况,并根据各种情况进行及时调整。

5G 网络在保证高稳定性的基础上,还能对网络射频层进行安全设计。通过采用非广播的方式,对 AP 发射功率进行灵活调整,可以在保证信号覆盖质量的前提下尽量减少信号外泄,真正实现"场内有信号、场外无信号",使厂房高精密设备生产安全得以切实保障。

事实上,目前智慧工厂、柔性生产线、"黑灯工厂"等概念的落地都要依靠工业化与信息化的融合,而这两者的融合要以数字化、大数据、物联网等技术为依托,使工厂的生产效率与产品质量得以进一步提升。对于昊志机电来说,借助5G技术搭建智慧工厂使生产效率得到了大幅提升，受益无穷。

基于5G技术的智能工厂将显著提高工人的工作效率，并降低其工作负担，减少因人为失误造成的损失，实现生产过程的精准控制。更关键的是，基于5G技术的智能工厂将利用新一代信息技术打破各个流程的信息壁垒，对设计、采购、生产、营销、销售、物流配送等环节进行一体化管理，大幅度提高企业经营效率。

5G技术中的网络切片技术可以根据实际需求对网络资源进行分配，使不同用户在差异化应用场景中的个性化网络需求得到充分满足。利用网络切片技术，5G网络能够应用到更多制造场景中，提高制造业的生产效率，帮助企业节约能源资源，提高智能工厂的持续发展能力。

不同制造场景对网络服务的移动性、连接密度、时延等存在不同的要求，要对接这些应用需求，就要在网络资源配置的过程中发挥网络切片技术的作用，促使网络资源实现优化配置，提高资源配置效率，为制造业发展打下良好的基础。

网络切片能够对多种技术进行综合应用，以5G网络本身的特性为依托，根据制造业的不同需求对网络资源进行柔性化配置。以服务管理的具体需求为参考，设置相应的网络切片，按需提供服务。举例来说，如果制造业应用场景需要大宽带、低时延的网络，就可通过网络切片对服务进行调节。智能工厂在处理内部关键事务时对网络系统数据传输效率、传输的稳定性提出了较高的要求，针对这种需求，工厂可设置关键事务网络切片。

智能工厂设置网络切片时要对各类基础设施资源进行整合应用，具体如云资源、传输资源等。不同的基础设施资源本身具备不同的管理效用。运用网络切片技术，能够按照客户提出的特定需求对资源进行相应的调度。

另外，针对彼此之间相互独立的不同资源，智能工厂可利用网络切片对其实施协同管理。在具体执行过程中，为提高网络切片管理的适用性，便于后期进行调节与优化，智能工厂可以选择模块化的管理模式，根据具体需求进行模块组合。

在设置关键事务切片的同时，智能工厂还需在覆盖5G网络的基础上设置大连接切片与移动宽带切片。这些切片都要接受网络切片管理系统的控制，彼此之间相互独立，但都可以获得基础设施资源的支持。

此外，5G可以改进网络系统，通过流量分流降低时延。为满足不同业务的发展需求，网络切片既能为企业提供相应功能特性的网络服务，又能制定适用性较强的部署方案。切片中的网络功能模块可以根据具体的业务发展需要对接各类数据中心。

比如，关键事务切片需要高效地进行事务处理，为此，要通过降低时延来提高数据传输效率。为做到这一点，企业可以在终端用户所在地区的数据中心部署用户数据模块，通过这种方式提高智能工厂的生产效率。

在5G应用的基础上，智能工厂能够实现生产线的自动化运转，强化对生产过程的控制，利用信息化技术将工厂内的不同流程连接起来，促进产品设计、生产及后期运营环节的信息交互，进而提高资源的利用率，加速企业的生产运转，并在发展过程中持续进行产品优化。

## 智能化：实现远程运维管理

在5G技术的支持下，企业不仅可以强化成本控制，还能提高维护效率，加速整体运转。除了实现物与物之间的连接外，5G还能促进信息共享，让企业能够开展跨工厂维护。其中，简单的维护工作可通过工业机器人完成，复杂的维护工作可通过机器人与专业人员共同完成。

随着5G应用于工厂，工厂内所有物体都带有专属IP（Intelligent Peripheral，智能外设），这样一来，企业生产过程中涉及的原材料都可进行信息追溯，进行自动生产与维护。与此同时，工厂内的工人也将带有专属IP，在参与企业生产的过程中能够与产品、原料、机器实现信息互通。企业可以将工厂的管理任务交给工业机器人承担，并将相关信息实时发送给专业人员，实现人工远程操控与管理。

举例来说，某智能工厂建成了完善的5G网络，一旦工厂设备出现异常，工业机器人就能立即获知问题所在。在进行设备修复时可能会遇到两种情况：一是工业机器人自主承担所有修复任务；二是工业机器人对问题进行评估后将复杂的修复工作交给专业人员完成。

利用5G、虚拟现实技术与远程触觉感知技术，专业人员可在千里之外操控工厂里的工业机器人，让工业机器人模拟专业人员的行为动作进行设备维修。

在5G技术的支持下，企业还可以将复杂度较高的工作交给工业机器人完成。举例来说，有些维护工作需要由多名专家共同完成，但这些专家可能身处不同的地区。借助远程触觉感知技术与虚拟现实技术，这些专家可以及时进行线上沟通，共同参与到问题解决中来。

利用5G提供的网络服务，专家可以传送、接收高清图像，配合触觉感知技术，让工业机器人对自己的动作进行精准模拟。这样一来，每个专家都可以控制一台工业机器人，共同完成修复工作。

另外，在物联网的支持下，企业的经验数据库能够收录所有工业机器人、原料、产品及人的数据，在进行问题检测与定位时，专家与工业机器人可以根据数据库提供的海量信息资源进行准确无误的判断。

运用5G技术搭建的全云化网络平台可以应用到智能工厂生产过程的各个环节，在上料、仓储管理、物流配送中发挥重要作用。利用精密传感技术，结合各类传感器的使用进行海量数据的收集，再利用5G网络建设完善的数据库系统，让企业利用云计算技术进行数据分析与深度处理，为工业机器人的自主学习提供精准的数据参考及有效的问题解决方案。

在部分应用场景中，完成5G网络覆盖的工厂可以使用D2D技术让不同设备开展信息交互，提高端对端业务的对接效率，通过这种方式加速整体运营，更快地完成产品的生产制造，进一步优化现有的解决方案。

在今后的发展过程中，5G网络将在生产制造领域得以广泛应用。企业可利用5G技术推动工业机器人落地应用，将其应用到生产过程的各个环节以及设备的检测维修，并承担其他更加复杂的工作。

另外，机器人可以参与到工厂管理过程中，利用信息计算技术进行数据分析，据此制定生产决策。在这种模式下，除了工厂的高级管理工作与复杂的运行监测任务之外，其他工作都可以交由机器人完成。工业机器人将扮演助手角色，在很多场景中取代传统的人工劳作。

智能工厂要想提高生产的灵活性，就要引入可以实现自组织、协同功能的机器人。而机器人要想具备这种能力，必须引入云技术。与传统机器人不同之处在于，云化机器人要与云端控制中心实现互联互通，在此基础上利用云端平台的计算功能，结合大数据、人工智能技术对工厂生产进行管控。

依托云技术，云端平台能够代替机器人进行数据存储与分析，分担机器人承担的工作。另外，为了提高生产制造的灵活性，机器人应具备自由移动功能。为此，要利用时延、可靠性皆有保障的无线通信网络将云技术与工业机器人结合在一起。

5G网络能够为云化机器人提供符合其需求的通信网络服务。在端到端的网络连接方面，5G切片网络能够根据云化机器人应用需要进行网络设置，将通信时延降至1毫秒，在网络连接过程中将误差率降至0.001%，在各个方面满足云化机器人对网络提出的高要求，为工厂制造生产提供有效支持。

华为在智能制造领域布局的过程中积极联手海外制造企业。为推进云化机器人项目的发展，华为联手德国气动元件制造商Festo，利用5G uRLLC切片网络技术，对云化机器人闭环控制系统的时延性及可靠性指数进行分析。

移动机器人的运行情况能够对智能工厂的整个生产过程产生至关重要的影响。在具体执行过程中，不同机器人之间既要相互独立，又要具备协同作业能力，这就要求不同机器人之间能够实现高效连接。与此同时，移动机器人还要与起重机等其他设备实现数据交互，这也需要5G网络的支持。

近年来，智能制造领域对无线通信网络技术提出了更高的要求，5G网络应用能够服务于智能制造的发展，满足其对通信网络的需求。5G的技术优势，比传统的4G网络更符合智能制造的需求，将在智能制造发展过程中发挥重要作用。

## 数据化：AR实时监测与优化

当你看到一名运维人员戴着AR眼镜利用手势向他人传递机器运行情况及各种参数时，你会不会觉得像坐在电影院里看大片。但这一切已经真实地出现在了东莞中国移动生态园数据中心的"智慧机房"里，这个"智慧机房"的AR巡检系统已经实现了自动化巡检、基础数据自动化管理、预警式故障处理、远程专家诊断、远程智控。

过去，机房巡检需要运维人员逐一检查，手抄检查记录表，效率比较低，人工成本比较高。借助大带宽、低时延的5G网络，智能巡检可以利用AR实时看到设备数据，了解设备的运行状态，及时发现设备故障，并给出相应的处理方案。另外，系统还可以根据设备运行状态实时派单，为不同的故障匹配不同的处理人员，从而提高运维人员的工作效率。

当运维人员佩戴AR眼镜进行巡检时，只要眼睛看向机架上的服务器，AR眼镜就会自动浮现虚拟的操作栏，显现出巡检任务、机柜信息、硬件信息、CPU使用率、内存使用率、机体温度等信息。同时，运维人员还可以利用手势与虚拟的操作栏进行交互。

如果运维人员在工作的过程中遇到难题，只要打开会话框就能与后台取得联系。后台的工作人员可以利用AR眼镜获取故障现场视觉，结合后台数据进行对比分析，在虚拟的故障机体中标出需要更换的配件，将其发送至AR现场，与发生故障的机体重合，指导故障现场的运维人员对故障进行有效处理。

进入以智能制造为核心的工业4.0时代之后，很多工作岗位都将实现机器替代人，但这并不意味着人的作用被弱化，反而表示人的重要程度进一步提升。以智能工厂为例，智能工厂将面临一系列服务于用户个性化需求的复杂任务，从而对工作人员的技能与综合素质提出了更高的要求。

对生产流程进行实时监测与优化是保障智能制造质量的关键，在这个过程中，AR技术有非常广阔的应用空间。在具体应用过程中，AR设备需要具备较高的灵活性、便利性，通过无线网络与云端连接，将相关数据实时传输到数据中心。同时，AR设备也需要实时获取生产设备数据、生产环境数据、专家应急指导意见等数据。

为了避免视觉范围失步问题，AR眼镜等智能终端显示的内容应该和AR设备摄像头运动轨迹保持一致。实验证明，当视觉移动到AR图像的反应时间在20毫秒以内时，就能很好地保障同步性问题。

因此，数据从摄像头传输到云端数据中心，再传输到AR眼镜显示屏的时间应该控制在20毫秒以内。考虑到屏幕刷新与云端处理造成的时延，该时间应被控制在10毫秒以内，5G技术可以很好地满足这方面的需求。

在智能工厂的生产系统中，"人"将扮演非常重要的角色。但考虑到智能工厂的功能会越来越丰富，生产的柔性化程度将越来越高，车间工作人员也必须具备更高的能力。要想适应新的车间工作环境，就要在智能制造生产过程中推动增强现实技术的应用落地。举例来说就是要在生产、监控方面应用AR技术，在装配产品的过程中利用AR技术进行操作指导；在远程维护过程中利用AR技术对远程专家的优势力量进行整合，让其参与其中等。

在具体应用过程中，为了保证工作顺利完成，AR设施要具备便于移动且能够实现灵活应用的特点。为了做到这一点，要通过云端平台对设备信息进行处理，并利用无线网络实现AR设备与云端的信息交互。AR设备需要利用网络系统对生产设备数据、生产环境数据、故障处理指导信息等进行实时采集。

为做到视觉同步，必须将摄像头拍摄到的画面信息实时传输到AR眼镜上。当视觉移动与AR图像反应时间不超过20毫秒时才能得到理想的同步效果，这意味着要在20毫米内完成摄像头发送数据、AR设备显示信息及云端反馈过程，再综合考虑屏幕刷新与云端分析所需时长，将网络双向传输的时延控制在10毫秒以内，只有这样才能为用户提供高质量的体验服务，但LTE网络的时延显然超出了这个标准。

## 5.2 两化融合：5G与工业互联网

### 我国工业互联网的发展现状

5G的商业化应用有力地推动了工业互联网的创新发展。工业互联网是支撑第四次工业革命的底层设施，能够利用人、机器、环境的互联互通打造全新的工业生产制造和服务体系。不过，在5G时代尚未到来前，传输能力较低、连接数量不足等因素极大地抑制了工业互联网的价值创造能力。

5G是工业互联的通信管道，使万物泛在互联、人机深度交互、智能革命具备落地基础，与之相关的新业务、新业态、新模式大量涌现，从而进一步释放数字经济的巨大价值。

在5G的支持下，德国蒂森克虏伯公司将AR技术应用至电梯装修业务中，可以为乘坐电梯的用户带来全新的感官体验；广东省人民医院将MR技术应用到远程手术过程中，成功为一名两个月大，体重约3公斤的肺动脉闭锁患儿完成了复杂先心病手术；福特汽车积极开启数字化转型，将自身从单一化的销售硬件转变为多元化的提供出行解决方案的汽车科技公司。

工业互联网的蓬勃发展，将为软件与硬件、虚拟世界与现实世界、制造商与客户的融合提供有效推力。工业互联网是传统产业转型升级的重要驱动力，有助于加快供给侧结构性改革进程，推动我国经济的持续稳定发展。

工业互联网由网络、平台、安全三大体系构成，网络是基础，平台是核心，安全是保障。利用新型网络技术，制造企业可以加快推动工厂内网改造。目前，工业互联网标识解析国家顶级节点已经在北京、上海、广州、武汉、重庆五大城市落地，贵州、南通、福州、宁波、济南等城市的二级节点也已上线运营。

公开数据显示，截至2018年底，我国已有269个工业互联网平台，超过了世界所有其他国家的总和。2019年8月30日，工信部信息化和软件服务业司巡视员李颖在2019世界人工智能大会上表示："截至7月底，中国重点工业互联网平台平均工业设备连接数达65万台、工业App数近2000个、工业机理模型数突破830个，注册用户数突破50万人。"

国家、省、企业三级联动的安全保障体系正逐步完善，已经可以对上百个工业互联网平台，超过200万台联网设备进行实时监测。

工业互联网在各行业的渗透程度持续提升，在石化、钢铁、家电、机械、服装、航空航天等领域已经初步取得良好应用效果。个性定制、远程运维服务等新模式、新业态发展势头良好。

大型企业积极拓展工业互联网业务，有力地推动了跨行业、跨区域的企业协同和产业集聚，进一步完善了产业生态。根据2019年3月举办的工业互联网峰会公布的数据，我国工业互联网产业联盟成员数量已经达到了1027家，形成了"12+9+×"组织架构。各地区依托当地资源优势，实施特色化发展，比如：北京聚集了一批解决方案提供商，广东在产业链协同方面取得领先优势，江苏与浙江积极推动块状经济推广应用，山东重点推进为传统产业转型赋能。

工业互联网国际合作稳步推进，工业互联网产业联盟和海外企业、产业组织、政府部门等积极开展技术合作、标准协调、产业对接等，极大地提振了从业者士气。

工业互联网是推动新一轮科技革命和产业变革的关键模块，美国、中国、日本、英国等多个国家都在加快建设工业互联网，从资金、技术、政策等方面给予大力支持。显然，这将为工业互联网的发展与完善提供巨大推力。

## 5G驱动工业互联网模式变革

自5G NSA（非独立组网）标准第一个版本于2017年2月发布以来，5G与工业互联网的融合应用就是社会各界关注的焦点。工业应用是5G的一大主流需求场景，特别是机器人协同、工业实时控制等应用对5G技术有极高的依赖性。

很多运营商和通信设备商积极与工业企业合作，共同组建5G应用创新研究中心，在5G与工业融合应用方面进行了一系列的研究探索。

截至2019年9月，我国已经建立了5个企业内5G网络化改造及推广服务平台，中国电信、中国移动、中国联通三大运营商建立了数十个5G应用创新中心或实验室，格力、南方电网、三一重工、青岛港集团等在5G与工业互联网融合方面的探索更是取得了非常良好的示范效果。

早在2017年11月，国务院便在其发布的《关于深化"互联网+先进制造业"发展工业互联网的指导意见》中，将5G列为工业互联网网络基础设施，并提出开展5G面向工业互联网应用的网络技术实验，协同推进5G在工业企业的发展应用。

在2019年8月举办的"5G+工业互联网"全国现场工作会议上，工信部提出了"5G+工业互联网"512工程，并表示："加强试点示范、应用普及、培育解决方案供应商，加快'5G+工业互联网'在全国推广普及。2019年工业互联网创新发展工程中设置工业互联网企业内5G网络化改造及推广服务平台项目，支持5家国内工业企业及联合体开展5G内网部署模式、应用孵化推广、对外公共服务等方面开展探索。"

5G可以在工业各环节得以落地应用，既为工业企业提供了打造柔性生产线、推进生产智能化的便捷工具，也为工业企业提供了与用户及合作伙伴实时交互的有效手段。显然，这将进一步加快工业的智能化、服务化、高端化转型。

### ◆企业生产模式和组织方式的变革

企业借助5G技术可以实现人、机器与环境的实时交互，并对设备进行实时远程控制，有力地推动工业生产无人化、网络化、协同化发展。

青岛港集团借助5G技术对岸桥吊车进行远程控制，可以将端到端时延降低至20毫秒以内，并支持30路高清视频回传，一位员工可远程操控四台岸桥吊车。显然，这将大幅度降低人力成本，并减轻员工的工作负担，未来有望打造无人码头。

杭州汽轮机股份有限公司通过5G+3D建模对产品质量进行智能化检测，支持三维扫描仪100Mbps图像上传；将发动机叶片质量检查时间从小时级降至分钟级，并由全检模式升级为抽检模式；将供应链中产品零件的入库检测升级为供货商出厂远程检测，加强供应链协同管理；缩短各工序周期，减少零件生产返工，提高企业整体运营效率。

### ◆企业经营模式的变革

将5G技术应用到产品中后，将进一步强化工业企业服务客户的能力。比如，工业企业将产品销售给客户后，可以利用产品中的5G相关模块对产品运行状态及周边环境进行实时监测，从而为客户提供个性化、定制化的增值服务，既为工业企业创造了新的利润来源，也为工业企业从生产型企业向服务型企业的转型升级提供了巨大推力。

广西柳工机械股份有限公司将5G与MEC（Mobile Edge Computing，移动边缘计算）相结合，对装载机进行远程实时控制与作业环境监控，在此基础上，便可探索多元化的盈利模式。比如，为中小企业提供设备租赁服务，很多中小企业也渴望引进先进的工业设备，但往往受资金限制，而租金设备成本较低，在中小企业的可承受范围以内，对于租赁方，这种商业模式可以进一步扩大客户范围，有效提高盈利能力；基于设备信息（设备工作时长、设备工作状态、设备故障率等）搜集提供配件更换、设备保养等增值服务。

2019年2月，工业互联网产业联盟在《工业互联网垂直行业应用报告》中描绘了轻工家电行业、工程机械行业、电子信息行业、高端装备行业的5G应用场景及需求，并提出开展智能电网5G网络及切片应用、基于5G网络连接的工业智能化巡检、基于5G和人工智能的产品质量实时监测和优化等测试项目。

目前，工业互联网产业联盟行业应用组已经在工业、医疗、智能电网等多个领域组建跨行业研究子组，负责探索5G应用解决方案；同时，针对5G行业应用落地中面临的关键技术问题，组建5G边缘计算MEC及5G小基站等共性技术组，为5G行业应用落地提供有效指导。

## 5G与工业互联网的融合路径

目前，我国在推动5G与工业互联网融合应用方面的探索稳定有序展开，并在研发、生产、运维等多个环节中均出现典型应用案例。

在研发设计环节,通过将5G和工业互联网技术相结合,可支持多方远程协同研发设计,以及有效降低跨区域研发造成的效率低下、成本高昂等问题。

在家电产品研发过程中,海尔将5G和AR/VR技术相结合,使不同地区的研发人员可"面对面"地对研发方案进行研究讨论,有效缩短研发周期,加速新品上市进程。

在生产环节,5G与传感器、控制系统、超高清视频设备相结合,有助于工业企业更高效地开展设备远程控制、生产过程实时监测、对设备进行预测性维护等,促进企业提质增效。

三一重工开发的5G智能网联AGV(Automated Guided Vehicle,自动导引运输车)可以通过5G网络将视频数据、激光雷达数据等多类数据快速传输至MEC的视觉传感服务来开展视频实时计算,并和多传感器上传数据融合,从而赋予AGV实时感知、智能决策的能力。这将有效解决传统AGV必须根据具体工作环境进行定制设计的弊端,大幅度降低AGV的生产成本。

上海飞机制造有限公司将5G与AR技术融合应用于工业装配环节,支持AR终端与云端实时交互(延迟低于10毫秒);对线缆连接器插头进行快速精准定位和追踪,有效解决插头、插孔及导线的适配问题；支持装配过程关键流程质量追溯，降低人力成本的同时，进一步提高了装配效率。

在运维服务环节，将5G与超高清视频设备融合应用，可将设备巡检结果实时传输至云端，从而提高巡检效率与质量。同时，将5G和专家系统融合应用，可以支持专家远程实时指导，从而缩短设备维修时间成本，减少因设备损坏给企业造成的损失。

华为和ABB、KPN等荷兰运营商合作，为鹿特丹壳牌炼油厂提供能够检测石油和天然气线路的小型5G工业机器人。该机器人配备了超高清摄像机，可以将管道区内的实时状况传输给数字工厂腐蚀分析平台，平台处理完数据后，可精准识别出高风险腐蚀区，并制定有效解决方案，从而降低管道破损风险。

广西玉柴机器集团有限公司（以下简称"玉柴机器公司"）将5G和AR/VR技术融合后，为客户提供设备远程运维服务。在5G网络的支持下，客户工厂中的一线操作员可通过AR/VR终端和玉柴机器公司专家进行实时双向音视频通话，后者可根据现场实时画面，指导操作员作业，这不仅可以解决专家资源不足的问题，还能提高客户工厂效能。

我国5G技术处于全球领先水平，这为我国探索5G和工业互联网的融合应用带来了诸多便利。为加快推进5G和工业互联网融合应用落地进程，未来，我们还需要做好以下几点：

（1）支持鼓励行业巨头、高校、科研机构、通信商协同合作，建立一批具有良好示范作用的创新中心、产品研发中心，支持中小企业研发5G应用解决方案和集成服务，培育一批具有国际竞争力的云服务商或集成服务商。

（2）建立5G与工业互联网融合示范区，举办5G应用创新大赛，不断丰富5G和工业互联网融合应用场景。

（3）引导社会资本进入5G与工业互联网融合应用产业，发挥国家专项资金的引领、带动、吸附和集聚作用，鼓励投资资金、银行信贷支持5G与工业互联网融合应用项目，帮助富有活力的中小企业解决资金短缺问题。

# CHAPTER 6
# 5G+交通：车联网与自动驾驶

## 6.1 5G自动驾驶：加速商业化落地

### 基于5G的智慧交通系统

5G全面商业化应用时代即将来临，作为智慧城市重要组成部分的智能交通行业将因此实现突破式发展。在2019年3月举办的第21届中国高速公路信息化研讨会新技术论坛上，北京工业大学交通学院院长陈艳艳指出，得益于无人驾驶技术持续发展、硬件感知设备成本不断降低等利好因素，未来20年，中国有望步入智能网联交通新时代。

根据前瞻产业研究院发布的《2018—2023年中国智能交通行业市场前瞻与投资战略规划研究报告》，智能交通行业市场规模已从2010年的109.2亿元上升至2017年的515.9亿元，年复合增速达24.8%。预计到2023年，行业市场规模将超过1300亿元。

随着我国城镇化进程日渐加快，以及人们生活水平不断提高，人们的出行范围涵盖了城市内部、都市圈、城市群等，出行时间碎片化、出行目的多元化，交通方式越发多样化，高速公路、地铁、航空、水运等给人们出行提供了多种选择。在这种背景下，想要更好地满足人们的出行需求，建立综合性交通网络成为必然选择。

但传统交通行业条块分割的管理模式，以及数据应用、模型建设与计算能力等方面的不足，导致综合交通网络建设尤为困难。大数据、云计算、物联网、人工智能等技术在交通领域的应用为解决这些问题提供了有效手段。在新一代信息技术的加持下，人、车、路及周边环境可以实时交互，极大地拓展了智能交通系统的感知能力，有效地提高了智能交通系统决策的科学性。

### ◆ 5G助力智慧交通

智慧交通是一种将车联网、云计算、人工智能、移动互联网、自动控制等技术应用于交通运输各环节的服务系统。近几年，交通部门、科技企业、智能设备供应商等多方携手合作，打造开放协同的智能交通应用创新体系和生态系统，为技术研发、业态创新、产业培育等提供了强有力的支持。

实现智慧交通，需要建立实时动态信息服务系统，对交通运输数据进行深度发掘，在此基础上打造问题分析模型，为交通资源高效配置、强化交通管理和决策能力、提高公共服务能力等提供助力，推动交通行业迈向更安全、更便捷、更高效、更环保的全新发展阶段。

智慧交通中的"智慧"将在整个交通行业诸多垂直领域得以

充分体现，比如交通管理、道路安全、智能停车、智慧路灯、智能汽车、公共交通、卫星导航和车联网等（见图6-1）。但如果没有5G技术，智慧交通根本无法落地。

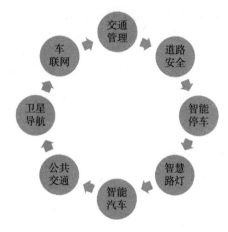

**图6-1　智慧交通的主要内容**

智慧交通需要借助大量摄像头与传感器对海量数据进行搜集与分析，支持人、汽车、道路、设备等实时交互，这需要一个具有更高带宽和更高传输效率的网络通道才能实现，5G技术恰好可以满足这些需求。

与此同时，在车流量大、车况复杂的路段，为了提高交通安全性，减少交通事故，车辆需要在最短的时间内接收到外界信息，并及时执行避险方案，而5G技术的低时延特性可以让车辆控制系统实时感知周边环境信息，在提高车辆安全性、降低交通事故危害性等方面具有广阔的应用前景。另外，据研究，在智慧城市中，接入5G网络的汽车将减少25%的油耗。

在公共交通方面，5G技术能够帮助运营机构高效配置公交车资源，为市民提供实时、准确的车辆信息、路况信息等。在停车方面，5G技术可以帮助司机实现智能停车，解决停车难、停车贵问题。此外，5G技术可以帮助交通部门更高效、成本更低地对车辆进行分类管理。基于5G技术的智慧交通系统将结合各路段承载能力、路况、天气等信息，为交通部门提供交通管理方案，从而大幅度提高城市交通路网的承载能力，改善人们的生活质量。

5G技术的全面商业化是这些技术实现大规模应用的基础。5G将开启新一轮技术融合创新，使车联网、无人驾驶、大数据等技术实现融合应用，为自动驾驶、智能交通等新兴交通业态发展注入巨大推动力，实现人、车、路的高效协同。

### ◆ 从万物互联到万物智联

发展智能交通，必然要对交通行业信息采集、管理与应用进行革新，真正实现出行即服务（Mobility as a Service，MaaS）。在传统交通时代，交通信息传输是一种单向、线性、管控式的传播，而在智能网联交通时代，交通信息是双向、网络状、服务式传播，为出行者获得个性、精准的定制交通服务奠定了良好的基础。

利用人工智能和边缘计算建立智能网联交通系统，从万物互联升级为万物智联，是智能交通落地的必由之路。加强智能交通技术研发、探索智能交通在复杂场景中的落地方案，是智能网联交通系统更新迭代的重要方向。当然，这需要交通部门、互联网企业、科研机构、汽车厂商等多方携手合作。

目前，交通系统已经从外部引进了大量优质资源，以高速公路为例：路政部门引入新一代信息技术革新高速公路机电系统，通过互联网渠道发布路况等信息，实施5G通信测试项目，在收费环节采用移动支付和车牌识别技术，等。

## 5G与自动驾驶的关系

自动驾驶技术的出现为汽车行业发展增添了新动能。而5G技术的发展能够进一步加快自动驾驶技术在汽车行业的落地应用，使自动驾驶汽车变得更安全、更高效、更智能。

目前，丰田、特斯拉等汽车厂商正在积极研发自动驾驶汽车，自动驾驶汽车的安全性问题仍是亟须解决的难题。5G技术的大规模应用将为这一问题的解决提供强有力的支持，因为4G网络的网络传输速度无法满足自动驾驶汽车的安全性、智能性需求。

尽可能地缩短信息从传感器到汽车ECU（Electronic Control Unit，车载电脑）的传输时间以及ECU决策的时间，是提高自动驾驶汽车安全性的关键，5G技术在这一方面的应用前景尤其值得期待。

在科技企业进行的5G技术测试项目中，5G技术能够让人们借助急速、高可靠性、完全响应的网络与周边的所有事物建立连接。如果5G技术可以大规模推广，人类利用人工智能、物联网、虚拟实现、3D打印等前沿技术的难度和成本将会明显降低。

一般来说，一辆自动驾驶汽车中会配备数百个传感器，这些传感器可以搜集海量的汽车运行状态及周边环境数据，让汽车行驶更高效、更安全、更智能。而自动驾驶汽车行驶过程中需要与其他汽车、摩托车、电动车、行人等进行交互，需要具备人类一样的反应速度和处理能力，这就对数据传输、处理及分析能力提出了较高的要求。

解放驾驶员是自动驾驶汽车的一项重要目标，为此，需要使网络带宽和传输速度实现质的提升。目前，英特尔等半导体巨头正在积极将5G带宽和数字无线电、天线架构相结合，让自动驾驶汽车升级为移动数据中心，让车载系统具备进行实时复杂决策的能力。

当5G技术得到大规模应用后，互联网速度将比4G时代提高10～100倍，可以使自动驾驶汽车实现V2V与V2X连接，这将大幅度提高自动驾驶汽车的安全性，让自动驾驶汽车比人类驾驶汽车更安全。

边缘计算具有广阔的发展前景，其逻辑是在距离物体或数据源头较近的一端打造集网络、计算、存储、应用等功能于一体的开放平台，就近提供最近端服务。边缘计算的应用程序在边缘侧发起，具有更快的网络服务响应速度，可以有效满足实时业务、安全与隐私保护、应用智能等方面的需求。

边缘计算可能位于物理实体顶端，也可能位于物理实体和工业连接之间。但在现有的4G网络环境下，边缘计算很难充分保障网络可靠性。将5G技术和边缘计算技术融合后，自动驾驶汽车的性能将得到显著提高，比如自动驾驶汽车将具备更强大的位置感应能力等。

自动驾驶汽车的安全、高效运行，需要对海量非结构化数据进行高效管理，并做好边缘侧数据隐私保护工作，这也离不开5G技术和边缘计算技术的支持。因此，对于自动驾驶的发展来说，加快5G技术的推广应用意义重大。

从自动驾驶汽车运行角度来看，让自动驾驶汽车具备远程遥控等安全措施非常有必要。比如当自动驾驶汽车发生故障停在道路上时，如果不能通过远程遥控将其快速转移到维修网点，可能会引发交通拥堵、交通事故等问题。

有人认为，自动驾驶汽车发生故障后，可以将其控制权交给司机，但未来自动驾驶汽车上不一定有具备驾驶能力的司机。目前，多家自动驾驶汽车开发商正在研发自动驾驶汽车远程遥控功能，让专业的驾驶员在数公里外的模拟设备中对汽车进行远程控制，从而在车辆发生故障后快速将其"驾驶"到维修网点。想要实现这个目标，必须利用5G提供的稳定而高效的网络连接能力。此外，5G技术还能让自动驾驶汽车为乘客提供优质的网络服务，满足用户社交、观影、购物等方面的需求。

## 5G、AI与自动驾驶

在5G网络环境中，AI是最好的加速器，二者融合将为生活领域、科技领域带来一场真正的变革。对于汽车行业来说，在5G的支持下，汽车与外界的通信速度会大幅提升，包括车与车之间的通信、车与人之间的通信、车与基础设施之间的通信等。同时，在5G环境下，通信延迟问题将得以有效改善，自动驾驶车辆的安全性将得以切实提升。

5G对AI来说重要，AI对5G来说同样重要。对于二者的关系，百度的前COO陆奇给出了三个关键词，分别是关键性任务（Mission Critical）、移动行业活力（Mobile Vitality）、隐私安全（Privacy Security）。

（1）关键性任务。

自动驾驶本身就是Mission Critical。虽然自动驾驶车辆不会经常遇到极端情况，但在遇到极端情况时，能否做出正确判断、科学决策关系着整个行业未来的发展。

出于安全层面的考虑，自动驾驶要求互动操作的响应延时达到毫秒级，5G可以满足这一要求。从理论上讲，在5G环境下，网络延时可降至1毫秒，自动驾驶可以在极端情况下保证行驶安全，这对自动驾驶商业化进程产生了强有力的推动作用。

另外，与普通机器人不同，自动驾驶汽车承载的是人，关系着人的生命安全，所以对安全性、安保性、可靠性提出了更高的要求。为了满足这些要求，自动驾驶汽车的芯片必须具备强大的内置安全系统。

（2）移动行业活力。

因为移动是智能的基本属性，所以在AI技术的作用下，移动行业将发生巨大变革。而要移动就必须记忆、概括，所以AI中的计算也和记忆、概括有关。

（3）隐私安全。

5G实现了万物互联，在此环境下，信息安全、隐私保护变得非常重要。未来，人们无论在家里还是在车上，都可以通过车联网进行语音交互。在这种情况下，隐私保护不仅是一个伦理问题，还是一个技术问题。为了更好地保护人们的隐私安全，企业必须重视"新移动"环境下的"边缘计算"。具体到自动驾驶汽车领域，相较于云端计算来说，车辆终端的"边缘计算"应该更受关注。

5G加快了自动驾驶汽车的商业化进程，同时，AI也对5G时代的各个产业产生了强有力的推动作用。在产业跨越式发展的过程中，政府是非常重要的催化剂。目前，政府也好，企业也罢，都在努力推动"AI+5G"时代到来。

在AI方面，政府出台了一系列与车联网有关的文件，比如《新一代人工智能发展规划》《国家车联网产业标准体系建设指南》《人工智能三年发展规划》等。2018年初，国家发改委出台了《智能汽车创新发展战略（征求意见稿）》，针对智能汽车的发展制定了一个明确的时间表：预计到2020年，智能汽车新车在所有车辆中的占比将达到50%，中高级智能汽车将推向市场；预计到2025年，所有出厂的新车都将实现智能化，高级智能汽车将实现规模化应用；预计到2035年，我国将率先成为智能汽车强国。

## 百度Apollo的战略布局

未来两三年，在自动驾驶领域，汽车智能化、联网化进程必将不断加快。目前，百度已经正式开源 Apollo 车路协同方案，向业界开放 Apollo 在车路协同领域的技术和服务，为智能汽车赋能，推动智能汽车实现量产，使自动驾驶进入"聪明的车"与"智能的路"相互协同的新阶段。比如，在车联网领域，百度CarLife已经和64家汽车企业建立合作，已有135个搭载CarLife的车型上市，其他车型也在陆续量产。

2017年11月，Apollo小度车载系统正式发布，这是全球第一款基于DuerOS的人车AI交互系统，已和13家车企的16个汽车品牌建立合作，并和一汽、奇瑞、现代、起亚等品牌实现了深度合作。搭载了Apollo小度车载系统的汽车具有非常丰富的功能，比如：识别车主身份，对疲劳驾驶进行监测，人、车、家建立互联，等。

这类智能汽车虽为车主带来了极大的便利，但也增加了车主隐私泄露的风险。为保护车主隐私，保证汽车网络安全，Apollo平台利用国内自主研发的技术发布了车载防火墙、安全OTA套件、入侵检测防御系统等，并在2018年初举办的国际消费类电子产品展览会（CES）上展示了一款可以存储、提取传感器与控车数据的黑匣子软硬件产品。另外，为了保证汽车网络安全，百度与一汽达成了战略合作，共同致力于量产车型的研发，通过一汽量产车型搭载落地。

未来，随着自动驾驶技术进一步发展，无人驾驶或将真正实现。再加上5G网络的覆盖范围不断拓展，Apollo小度车载系统将带给乘客更优质的车载场景体验，比如娱乐、办公、生活服务等。

目前，Apollo小度车载系统的覆盖范围已经超过了20个城市，2400家停车场，业态涵盖了智慧停车、美食、车家互联、电影票等。在Apollo小度车载系统的作用下，汽车已经成为一个覆盖了全套联网服务的智能终端。

除小度车载系统之外，2017年11月，Apollo面向企业推出了另外一款可直接搭载的自动驾驶产品——Apollo Pilot。Apollo Pilot配备了一个最大的中国交通场景库，可以根据我国特殊的交通路况提供自动驾驶服务，其性能比市面上现有的安全与驾驶辅助产品高很多。另外，Apollo与CIDAS合作，以我国真实发生的交通安全案例为基础对Apollo Pilot进行完善，使其完全符合国际安全标准与欧盟安全标准。

Apollo Pilot具备强大的学习能力，可以通过不断学习持续优化，自动升级，拓宽应用边界，对在乘用车、商用车、共享车出行等场景的落地应用方案进行探索。百度与金龙客车联手打造的小巴"阿波龙"搭载的就是Apollo Pilot，该车型已经实现了量产。

2018年，Apollo Pilot与多家出行服务商合作开展示范运营，与奇瑞合作生产的L3级自动驾驶乘用车计划在2020年上市。

进入5G时代之后，借助5G网络高网速、低延时、高稳定性等特点，自动驾驶车辆的安全性、便捷性将得以大幅提升，将带给车主、乘客更优质的乘坐体验。总而言之，在5G时代，自动驾驶领域将出现更多商业化应用案例，自动化驾驶的商业化进程将不断加快。

## 6.2　5G车联网：开启未来出行时代

### 车联网面临的应用难点

车联网是一种利用车载电子传感装置，将移动通信技术、车载导航系统、智能终端设备、信息网络平台等相结合，使人、车、路、网络进行实时交互，使信息高效自由流动，从而对交通各要素进行智能监控、管理及调度的网络系统。车联网是实现无人驾驶的基础和前提。无人驾驶车辆利用车联网和其他车辆、人、系统、路、环境等进行信息通信，使自身实现安全、高效、稳定地运行。

英特尔前CEO布莱恩·科兹安尼克（Brian Krzanich）指出，未来无人驾驶汽车每秒使用数据0.75GB，日均使用数据约4000GB。无人驾驶汽车在利用车联网通信的过程中，将涉及汽车导航信息、位置信息、传感器数据等多种信息的传输，对网络带宽和延时性提出较高的要求。显然，4G、DSRC（专用短程通信技术）、LTE-V等通信技术很难满足这种需求。

汽车数量的迅猛增长，对保障交通安全、提高出行效率与体验、生态环保建设等带来了诸多挑战。车联网的发展与应用为解决这一问题提供了新思路，使其成为社会各界关注的焦点。车联网基于车内网、车际网、车载移动互联网等，运用RFID、传感器、大数据、自动控制等技术，实现C2X（X包括车、人、路、设备、系统等）的动态移动通信，是车联网应用于交通系统的典型代表。

车联网中的车辆承担了为用户和移动通信设备提供载体的角色。运动中的车联网，使车载通信表现出网络拓扑变化快、网络接入和中断频繁、涉及节点广泛、通信环境复杂等特征，给车联网的落地应用带来了诸多问题（见图6-2）。

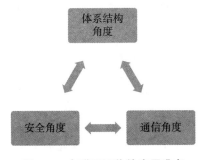

图 6-2　车联网面临的应用难点

### ◆体系结构角度

移动互联网通信技术的更新迭代，再加上用户出行场景需求越发多元化，使车联网体系结构的复杂度大幅提升。车载移动互联网系统中的路侧单元（RSU）是车辆自组网（VANET）的无线接入点，它可以将车辆与周边环境等信息传输到互联网，并支持交通信息、服务信息等信息发布。而车和道路、路灯等交通基础设施之间的通信需要部署海量的RSU，带来了较高的建设成本与运维成本问题。

### ◆通信角度

车联网通信网络比较复杂，而且目前业界并没有统一这些网络标准和协议，引发了数据传输和网络兼容性等方面的问题，降低了车联网系统的运行效率。虽然IEEE 802.11p标准的车辆自组网通信可以支持汽车在高速行驶状态下进行远距离、高可靠、低丢失率的通信，但在非视距（Non-Line-of-Sight, NLOS）环境中，由于障碍物的阻挡，通信质量无法得到充分保障。此外，车辆处于高速移动状态时，对网络接入的效率和可靠性提出了更高的要求，4G网络无法满足这一需求。

### ◆安全角度

用户信息被存储到车联网中，以便智能系统和商家可以更精准、更高效地服务用户，但这也带来了用户信息安全问题。目前，安全威胁存在于车联网的多个层级，比如在感知层，存在车辆单元（OBU）、RSU节点物理安全问题以及感知信息无线传输问题；在网络层，存在数据泄露、数据破坏、数据造假等数据安全问题；在应用层，存在身份识别、授权规范等问题。

5G技术的快速发展，为解决上述车联网应用问题提供了有效方案。5G移动通信网络实现了终端直通、认知无线电、大规模天线阵列、超密集组网等技术的集成，利用多种体系架构解决了不同应用场景中的应用难点。5G技术可以使高速移动状态中的OBU具备更强大的性能。此外，车联网不需要单独建立基站等基础设施，可以和平安社区、智慧城市共用5G基础设施，有效地降低了车联网应用和维护成本。

## 5G车联网的特征与优势

5G进一步提高了通信系统的性能。在车联网应用场景中，和IEEE 802.11p标准通信相比，5G车联网表现出以下几个方面的特征（见图6-3）。

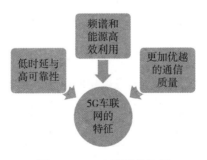

**图6-3　5G车联网的特征**

### ◆低时延与高可靠性

车联网系统中的数据传输应该具有较高的安全性、私密性，而且传输效率要高，因此，将通信时延控制在一定范围很有必要。频繁利用并传输车联网通信数据是车联网系统高效运行的重要保障，在这个过程中，必须保障网络通信的实时性。但4G网络带宽资源有限、传输速度相对较慢，使通信时延相对较高，难以使车联网系统对数据进行安全、高效的传输。

5G采用超高密度组网模式，设备能量消耗较低，可以提供丰富的带宽资源将数据传输时延降至毫秒级，提高数据传输的可靠性，为车联网的推广普及提供技术支持。

5G车联网通信为研究并应用低时延、高可靠性的通信链路提供了有效的解决方案。5G自适应天线可以为行驶速度达300km/h的车辆提供优质的通信服务，有效降低信道估计和数据传输时延。

在5G网络架构中，运用网络虚拟化和软件定义网络技术可以让网络架构更灵活，并进一步降低服务时延，比如优化服务预约和配置、减少IP地址解析和持续服务时延等。

通过5G技术对网络服务进行优化，不但可以优化现有的应用服务，还能支持数据快速增长和需求多元化催生的服务创新。车联网V2X通信场景对时延性、可靠性具有较高的要求，这正是5G网络体系架构的明显优势。

### ◆频谱和能源高效利用

5G可以对频谱和能源进行高效利用，有效降低车联网资源相对不足问题。

（1）D2D通信。5G可以利用复用蜂窝资源实现终端直通。在5G的D2D技术的支持下，车载单元可以和临近车载单元、5G基站、5G移动终端开展车联网自组网通信和多渠道互联网通信。这将大幅度提高车联网通信频谱利用效率，并降低能耗。

（2）双全工通信。5G移动终端设备采用双全工通信方式，可以让不同的终端之间、终端和5G基站间在同一频段信道内发送或接收信息，显著提高空口频谱效率。

（3）认知无线电。认知无线电是一种主流的5G通信网络技术。在车联网系统中，车载终端可以感知无线通信环境，来获得当前频谱空洞数据，从而高效、精准地接入处于空闲状态的频谱，实现和其他终端的即时通信。同时，车载终端还可以利用认知无线电技术和获得授权的用户共享频谱资源，有效缓解车联网发展初期无线频谱资源相对不足的问题。

5G基站可以支持大规模天线阵列，对减少能源浪费有非常积极的作用。同时，在车辆自组网中，通过5G的OBU自动发现临近终端设备，并与其高效交互，可以有效降低OBU通信能源成本。

◆更加优越的通信质量

5G通信网络提供了庞大的网络容量，而且支持每秒千兆级的数据传输，从而保障更高的通信质量。通过打造30～300GHz的毫米波通信系统，5G终端之间、终端和基站间可以进行高质量的信息交互。毫米波在带宽资源方面拥有明显优势，数据传输效率较高，而且有较强的抗外部干扰能力，有助于保证通信的流畅性和稳定性。

（1）在通信距离方面，5G车联网V2V通信支持的最大通信距离约为1000m，能够有效避免IEEE802.11p车辆自组网通信方案中的连接不稳定问题，而且在非视距环境中也能减少因障碍物遮挡导致的连接中断问题。

（2）在传输速度方面，5G车联网V2X通信峰值传输速率可达1Gbps，足以满足车与车、车与终端之间的超高清视频交互需要。

（3）在移动性方面，5G车联网可以为高速运行状态中的车辆提供通信支持，目前，其支持的汽车最高行驶速度可达350km/h。

## 基于5G的车联网技术方案

5G网络将为车联网系统中的人、车、路、环境实时交互提供强有力的技术支持。

通信技术是车联网和无人驾驶发展的关键所在。确保行车环境安全是汽车产业的首要目标，之后还要考虑效率、成本、舒适性等。而蜂窝车联网通信技术（C-V2X）是车联网的主流通信技术。该技术将V2X车联网和蜂窝网络相结合，使人、车、路可以实现互联互通。

事实上，DSRC（Dedicated Short Range Communications，专用短程通信技术）也属于车联网技术。该技术能够让车与车、车与路进行直接通信，福特、通用、本田、丰田等知名车企为推动该技术普及投入了大量资源，而日本、欧洲也提出了适应该技术的标准和专用频段。较强的时效性与较高的可靠性是DSRC技术的主要优势，但其通信距离短板也较为突出。所以，如果只将DSRC视为主流的车联网技术，就必须密集铺设大量硬件设备等基础设施，成本高昂，而且不同国家的标准和专用频段存在一定差异，对该技术的全面商业化造成了一定的阻碍。

C-V2X由3GPP标准制定，全球通用，有强大的兼容性；使用单一LTE芯片组，成本较低。基于5G新空口的C-V2X具有高吞吐量、高可靠性、低时延、宽带载波支持等优势，有助于创新自动驾驶应用场景。

更关键的是，C-V2X能够不断升级。目前，C-V2X的形态为LTE-V2X，是一种基于Celluar蜂窝网络4G LTE进行车联网通信的技术。LTE-V2X是一套全球通用的V2X通信解决方案，也是唯一一个符合3GPP标准的V2X通信技术。在5G时代即将来临之际，运营商也在积极探索面向5G新空口的C-V2X升级方案。

华为、大唐移动等通信运营商是LTE-V2X网络的积极推进者。LTE-V2X网络为汽车开展V2X通信提供了两种通信模式：一种是集中式（蜂窝式）通信模式，另一种是分布式（直通式）通信模式。其中，集中式通信模式将基站设置为控制中心，车辆之间、车辆和其他基础设施的通信将利用数据在基站间的中转来完成；分布式通信模式不需要基站，可以直接让终端进行V2X通信。

LTE-V2X兼具基站辅助通信和直通通信两种方式，将蜂窝模式和直通模式相融合，比DSRC通信模式有更强大的通信性能，而且它和5G具有较高的契合性。

目前，高通等芯片厂商推出了支持C2X技术的芯片和相关解决方案，为V2X技术的推广普及提供了巨大推动力。以高通为例，高通推出了基于Qualcomm 9150C-V2X芯片组的C-V2X车联网解决方案，该方案采用3GPP Release 14规范，集成了全球卫星导航系统（GNSS），面向PC5直接通信，可以有效提高交通安全性，对未来自动驾驶汽车的推广普及具有非常积极的影响作用。

目前，大部分C2X网络主要通过4G网络进行通信，然而在自动驾驶、智慧交通、智慧城市等场景中，4G网络性能根本无法满足这些场景需求。5G可以将延时控制在1毫秒以内，而且其数据传输具有较高的稳定性，可以充分满足车与车、车与路、车与设备等的通信需求。第三方网络测试机构Open Signal曾经对2G、3G、4G和Wi-Fi端到端通信进行了测试，测试结果表明，这些通信方式中最短时延为98毫秒，是5G时延的98倍。

研究表明，人体神经纤维传导速度在100～200米/秒，身体感觉系统第一级传入纤维为由躯体感觉感受器将信息传输到脊椎和脑干轴突。以人的手指尖痛觉传输为例，痛觉从手指尖传输到脑干的距离约为1米，传输时间为20～200毫秒。受疼痛感刺激，人体会对此做出反应，该反应的时延为几十毫秒。

当电影胶片播放速度为24fps（Frame per Second，每秒显示帧数，也被称为"画面更新率"）时，人眼不会感觉到任何卡顿，感觉影片播放非常流畅。24fps相当于21.66毫秒。在视频内容的音画同步方面，当声音比画面提前40毫秒以内或滞后画面60毫秒以内，人不会有音画不同步的感受。

所以，大部分情况下，是很难对几十毫秒内发生的变化做出反应。所以，时延只有1毫秒的5G网络将带给人前所未有的体验。以无人驾驶汽车为例，对于一辆行驶速度为60公里/小时的无人驾驶汽车，时延为60毫秒时，制动距离为1米；时延为10毫秒时，制动距离将减少至17厘米；当时延为1毫秒时，制动距离将减少至17毫米。

## 5G车联网的未来发展趋势

《5G移动技术：变革汽车行业》报告中指出，预计到2021年，车联网汽车累计出货量将达到3.8亿辆。随着相关技术快速发展，车联网汽车仍将保持快速增长。车联网广阔的市场空间，吸引了汽车厂商、科技企业、互联网公司等各路玩家积极布局。而认识到车联网产生的巨大经济效益和社会效益，各国政府也从政策、资金等方面为车联网发展提供支持，比如基于车联网的智能终端传感器被发改委列为国家"十三五"规划重点项目。

5G时代，大数据将在汽车领域得到广泛应用，显著提高汽车的运行效率与安全性。高速收费信息、红绿灯信息、停车场信息、消费支付、车车通信、服务订阅等信息都可以被汽车传感器所搜集，并被车载智能系统处理、分析，从而为乘客提供更优质的出行体验。

5G将进一步完善V2X通信解决方案，使无人驾驶落地进程进一步加快，从而将司机从枯燥、乏味、高集中度的驾驶作业中解放出来，让他们拥有更多时间享受生活。更关键的是，5G将连接更多场景、构筑综合性的生态系统，让企业和用户可以在万物互联的车联网世界实时交互，实现多方合作共赢。

在5G大规模应用时代，车联网厂商将打造支持多网接入和融合、多渠道互联网接入的车联网体系架构。该架构将基于D2D技术开展V2X通信、提高频谱和能源运用效率、提高通信质量等，为车联网的大规模推广普及提供重大机遇。

5G车联网不需要独立部署传感器、基站等基础设施，能够和移动通信、智慧城市等共享基础设施资源，在城市街区、高速公路等场景中拥有广阔的应用空间。而且5G车联网不仅支持车与车、车与路、车与人之间的交互，还能推动商业领域的服务创新，可以很好地防御地震、泥石流等自然灾害。

在推动商业服务创新方面，便利店、加油站、4S店、酒店等商业机构都可以部署5G通信终端，当车辆处于5G通信终端能够覆盖的区域时，可以快速为车主和这些商业机构建立通信网络，为车主提供定制化的服务，而且整个交互过程可以在不接入互联网的情况下进行。目前，很多商业机构使用通信安全与质量未能得到保障的网络为用户提供服务，5G车联网的运用将彻底打破这种局面。

据公安部统计，2018年全国新注册登记机动车为3172万辆，机动车保有量已达3.27亿辆，其中汽车为2.4亿辆，小型载客汽车首次突破2亿辆。车辆在人们日常生活与工作中扮演着非常关键的角色，然而在发生地震、泥石流等自然灾害时，通信基础设施难以正常工作，车辆通信受阻，5G车载单元可以利用单跳或多跳的D2D方式与其他车载单元进行通信。同时，5G车载终端可以充当通信中继，为一定范围内的5G移动终端间的通信提供支持。通信得到保障后，各方可以协同合作共同应对自然灾害，有效降低其危害。

5G车联网将颠覆交通产业，使出行更加智能化、智慧化。可以预见的是，随着5G车联网研究与应用日渐深入，5G车联网将成为推动人类社会发展进步的重要力量，促使交通更安全、更高效，城市更和谐、更美丽，社会更文明、更友爱。

# CHAPTER 7
# 5G+智慧城市：美好生活新体验

## 7.1 5G赋能：让城市生活更美好

### 科技重塑城市未来

城市为人们的日常生活与工作提供了基本空间，更加美好的城市生活是推动人类社会发展的重要驱动力量。早期的智慧城市是指借助部署大量传感器设备，将公路、桥梁、隧道、电网等城市设施互联互通。此后，随着科技发展与社会进步，人类对智慧城市的认识进一步提升，智慧城市的内涵变得更为丰富。比如，使电子和数字技术在社区和城市中得到广泛应用；通过信息通信技术改造区域内生活和工作环境；用信息通信技术革新政府系统；用信息通信技术赋能个体，促进更多的创意创新；等。

从个体角度而言，智慧城市可以分为两大类：一是家庭空间中的智慧城市，家庭是城市的基本单元，智慧城市应该在家庭空间中得到具体体现；二是公共空间中的智慧城市，需要让人们获得多元化的普适服务。简单来讲，人们对智慧城市的期待可以总结为获得感、幸福感、安全感，即享受美好生活。

智慧城市是利用数字化手段提高城市建设决策的科学性，为城市规划提供有益指导，帮助管理部门对城市基础资源状况进行分析，对城市人口、交通、公共服务等需求进行精准预测，从而协调资源分配，让人们的城市生活需求得到充分满足。这样一来，城市将变得更加和谐，并实现可持续发展，满足人们对美好生活的需要。

从技术层面来看，智慧城市建设需要借助5G、云计算、物联网、人工智能等技术，实现全面感知、泛在互联、普适计算、融合应用。具体来说，智慧城市建设就是利用移动应用、物联网设备等对城市大数据进行搜集，从各个业务系统数据源中搜集并整合海量数据；利用5G技术让数据在割裂、封闭的应用系统之间自由流动；利用建立在DAAS（Digital Audio Analyser System，数字音频分析系统）之上的数据交换共享平台进行数据交互和应用，从而满足业务发展需要。

在整个过程中，5G技术发挥着串联物联网、云计算、大数据等技术的作用，没有5G的支持，这些技术的效果将大打折扣。目前，华为已经开始大范围地进行5G网络测试。研究证明，利用5G技术在无人机、无人驾驶汽车等智能设备上传输4K分辨率视频通信的网络传输速度可达1Gbps。中国移动、中国电信、中国联通均已确定了首批5G试点城市，包括北京、上海、广州、武汉等18个城市。

在用户体验方面，5G给用户带来的直接体验便是高速的网络传播速度，用户可以在智能手机上在线观看高清视频。5G将采用全新的网络结构和技术体系，比如NFV、边缘计算等，有力地推动智能制造、车联网、虚拟现实等新兴业务的发展。

根据公开数据显示，5G峰值速度可达20Gbps，每平方公里可连接数达到百万级，连接延时仅为1毫秒。在5G技术的支持下，人与人、人与物、物与物之间可以形成紧密连接。在5G时代，人们生活与工作中涉及的设备、场景等都将实现高度智能化，人们可以根据自己的个性化需求获取定制产品与服务。而且，5G技术的发展将推动物联网、云计算、边缘计算等前沿科技的落地应用。

智慧城市是5G技术的一大主流应用场景。5G技术是推动智慧城市建设的有力武器，对推动城市应用创新，拓展智慧场景具有非常积极的作用。最重要的是，5G技术将进一步强化人类对社会态势的感知能力，使各方沟通交互变得更加方便快捷。

5G网络将整个城市中的无线传感器连接起来，为智慧化交通、能源、安防等提供了行之有效的落地方案。以交通为例，将5G和车联网、传感器等技术相结合，可以让人、车、路实现实时沟通，共享位置、速度、路线等信息，缓解交通拥堵，为交通路网建设提供有效指导。

5G是实现"万物互联"的基础和前提，是建设智慧城市的重要基础设施。5G技术将使城市生活变得更加丰富多彩。当人类周围的一切事物都能接入互联网，通过实时交互，人们的生活品质将实现质的提升。

目前，5G技术的发展已经受到了我国政府的高度重视，并出台了多份文件推进其稳步发展。同时，中国移动、中国电信、华为、中兴等企业积极响应政府号召，根据自身实际情况制定了个性化的5G建设方案。

　　济阳是济南新旧动能转换先行区，也是济南智慧城市建设的重要试点区域。2017年至今，济阳市政府和多家企业签署合作协议，协议内容涵盖了智能制造、智慧金融、智慧社区等诸多方面，累计合同投资额达1797亿元。

　　济北智慧住居科技城是首批签约项目之一，该项目总投资额达300亿元，充分依托济南万科产业城镇，以及少海汇在智能家居等方面的优势，打造以智能住居应用研发、城市科技展示推广、智慧家居、绿建产品规模制造等为一体的产业集群，预计全部投产后项目整体产值可达1000亿元。在5G时代来临之际，济北智慧住居科技城将为济南探索智慧城市建设积累宝贵的实践经验，促使济南从智慧角度提升城市的宜居度和人文关怀，建设智慧、宜居、和谐的新泉城。

我国在推进5G技术融入智慧城市建设的过程中，需要加快完善相关法律法规、协调各方利益分配、优化应用成本。比如：

市政部门应该优化审批流程，加快5G基建模块部署进程，引导运营商利用路灯、电线杆等公共设施资源；各级地方政府不应只关注5G技术落地造成的成本支出，应该从提高城市竞争力、创造新就业岗位、改善市民生活质量等方面进行综合考量，从资金、政策等方面为5G技术落地提供支持。

## 智慧城市建设的技术基石

在智慧城市中，人们可以乘坐自动驾驶汽车前往购物中心，到达购物中心后，汽车将自动前往停车场，人们直接进入心仪的门店购物即可。而门店的传感器将基于大数据分析为用户推荐个性化商品，帮顾客节约购物的时间成本。购物完成后，用户可以通过智能手机向汽车发出离开指令。汽车收到指令后，向停车场管理系统发出离开请求。停车场管理系统将自动结算停车费用，并从用户关联账户中扣除。之后，自动驾驶汽车将离开停车场到用户指定地点为用户提供服务。

建设智慧城市需要物联网、大数据、云计算等一系列复杂技术的融合应用，是一项庞大而复杂的系统工程。根据公开数据显示，目前我国100%的副省级城市、89%的低级城市、49%的县级城市都在推进智慧城市建设，超过300个地市级城市参与其中，相关项目规划投资3万亿元，建设投资6000亿元。

从三大运营商发布的相关规划来看，预计到2019年，5G网络将在中国部分地区实现商用；到2020年，5G网络将在国内实现全面商用。5G的全面商用为大容量、低时延的网络传输的落地提供了可能，人类将进入万物互联时代，智慧城市建设周期将大幅缩短。

### ◆ "5G+物联网"

业务、网络及商业模式是推动5G发展的重要驱动力。而物联网是重要支撑性技术，能够促使连接规模快速增长，使连接类型越发多元化，进而引发一场前所未有的移动通信技术革命，推动移动通信发展水平迈向新台阶。

"万物互联"将极大地拓展消费市场，创造巨大的经济效益和社会效益。在此情况下，建设支撑"万物互联"的物联网平台就显得尤为关键。目前，各国政府、通信巨头、科技企业等都在积极推进物联网平台建设，从数据、资金、人才、技术等方面给予大力支持。

智慧公安、智慧社区、智慧安防等新兴智慧业态都需要借助物联网和5G技术的融合应用来实现互联互通。作为全球知名通信巨头，中国电信积极承担推进5G技术在我国全面应用的重要使命。为此，中国电信开启了"五网融合"建设，致力于建立一个涵盖光纤网络、移动网络（4G/5G网络）、NB网（物联网）、卫星网（天通）以及强大的接地气贴身服务的人网的"超级网"，在解决智慧城市建设难题的同时，实现和诸多垂直行业的跨界融合。

#### ◆ "5G+云计算"

如果说"5G+物联网"将实现"万物互联",那么"5G+云计算"将实现"万物可云"。经过多年的发展,云计算已经在游戏、医疗、金融、企业等诸多领域得到深入应用。特别是IaaS、PaaS、Saas 技术的快速发展,使建设提供一体化IT解决方案的综合平台成为可能。

中国移动在"5G+云计算"领域走在了世界前列,它以4个一级数据中心和全国31个省级数据中心为基础建设了一个覆盖全国的数据管理体系。同时,中国移动以实现"大连接"为目标,基于移动云服务开发物联网数据应用分析平台,为多个智慧城市建设项目提供了强有力的支持。

#### ◆ "5G+大数据"

在5G技术的助力下,大数据产业将实现繁荣发展,连接、计算、存储、应用等产业链的各个环节都将行动起来。不仅要利用线上数据为线下服务,还要对各种数据进行整合生成智慧,更要利用数据对整个流程进行重构,实现智慧化运营。一般来讲,优质的大数据应该具备六大特征,分别是实时性、持续性、规模性、真实性、安全性、全面性。在大数据应用方面,运营商具有先天优势。

目前,运营商正在从"个人通信运营商"向"行业信息化运营商"转型,利用自身在大数据领域的优势在智慧城市建设过程中发挥重大作用。

很多人都将5G视为万物互联的开始。从本质上讲，5G是一种应用范围更广、速度更快、能力更强的信息技术，其最终目标是促使各项资源实现高效、及时地应用。5G不仅可以提升网速，还能创建一系列高可靠、低延时的物联网。

## 智慧管廊：构筑城市生命线

目前，我国正在大力推进智慧城市建设。面对快速城镇化带来的一系列问题，国家、各部委、各省、各地方城市都在探索智慧城市建设方案。作为城市的生命线，智慧管网在智慧城市建设中发挥着十分重要的作用。

我国各个城市的地线管线数量极多，种类非常丰富，管理体制和权属比较复杂，呈现出各个建设单位各自为政、条块分割、多头敷设、多头管理的格局，出现了很多管线安全问题，甚至酿成了很多安全事故。为保障国计民生，我国政府对城市地下管网建设予以高度关注，陆续颁发了很多政策，并通过管网数据交汇构建了"部—省—市"三级智慧管网平台，使各类地下管网规划、建设、管理、运营水平得以大幅提升。

智慧管廊基于一系列智能监控设备，通过数据融合分析应用，充分利用智能传感、GPS、GIS、三维建模等技术，对管廊相关信息进行实时搜集、处理，并在信息管理平台上进行管理和控制。

智慧管廊能够对城市基础设施进行高效、精准控制，是智慧城市的重要模块。一方面，智慧管廊能够对管廊进行实时监控，全面获取机电设备运行状态信息，水、电、热、气、通信等城市工程管线运行状态信息，以及隔爆兼本安一体型设备（面向燃气舱、雨污舱）运行状态信息，等。另一方面，智慧管廊将建立完善的安全防护体系，具有生物感应、红外对射、视频侦测、电子井盖等多条安全防线，可以实时监测入侵事件并及时发出警报。

从技术实现角度看，为实现智慧管廊的上述两大功能，我们需要综合应用虚拟现实和远程控制技术，使相关设备和系统可以实现自主漫游与远程控制；支持国内国际主流通信协议，提高系统的可集成性和可扩展性；支持"无线+有线"的冗余通信网络，提高通信的可靠性；支持通用接口协议，让系统进一步扩容或者接入更高级的系统平台。

5G技术上下行速度都明显超过4G技术，响应时间明显缩短。同时，5G技术的超强连接能力，能够有效解决现行移动网络带宽不足问题，为智慧管廊落地应用奠定良好的基础。

（1）智慧管廊的目标：在5G、云计算、物联网等智慧化信息技术的支持下构建一个上下一体的管廊运维管控体系，使管廊运维服务水平得以大幅提升，让整个城市的综合管廊运营更有序、更安全。

（2）智慧管廊总体建设方案：围绕综合管廊运维需求构建一个以数据为核心的一体化监控运维综合平台，形成一个"一平台、三中心"的整体解决方案。其中，平台指的是从数据到业务执行的总体框架，具体包括数据资源接入管理、统一访问管理、交换中间件、应用软件框架等；数据中心汇聚了实时监控数据和业务管理数据，为监控、运维提供数据支持，并以此为基础形成了两大应用系统，分别是综合监控系统和综合运维系统。

（3）智慧管廊的体系架构：智慧管廊建设通常采用"三级控制＋两级管理"的架构模式，其中三级控制主要包括就地的现场设备控制、区域中心分控和总控中心综合监控，形成了一个自下而上的三级监控模式；两级管理指的是在总控中心与区域分控中心建立一个统一的管理业务系统，该系统主要具备两大功能，分别是运维管理和整合监控。形成一个以总控中心为中心、分级管理的运维管理体系。

## 智慧政务：数字政府新模式

智慧城市内涵广阔，全面覆盖城市生活各个环节。其中，智慧政务位居智慧城市核心领域，契合政府"放管服"转型需求。作为互联网时代政府治理发展的新形态，智慧政务已经成为国家推进智慧城市的一项重要建设工作，以解决群众办事过程中"办证多、办事难"等问题为核心，要求运用互联网、大数据等手段，推进智慧政务，提高群众办事的满意度。通过助力政府监管规范化、精准化、智能化，从而协助政府"管出公平、管出效率、管出活力"，已成为智慧城市建设方参与智慧政务建设的题中之义。

智慧政务是综合运用大数据、云计算、物联网、人工智能等技术，建立安全可靠、高效便捷、开放共享的政务信息化解决方案，使政府提高行政办公效率和公共服务水平，实现从管理型政府向数字化政府转型。智慧政务可以有效解决传统电子政务存在的资源利用效率低、重复建设、信息安全性较低、公共服务能力不足等问题。

大数据、云计算、5G、人工智能等技术不断发展，数字化、网络化、智能化进程不断加快，为政务信息化的实现提供了强有力的技术支持。5G智慧政务将破除"信息孤岛"，将政务内部的数据收集与存储连接在一起，打造一个统一的政务云平台、数据资源整合与大数据平台、一体化网上政务服务平台，使互联网与政务服务实现深度融合，切实提高政务服务效率与质量。

未来，政务服务领域引入5G之后，将以5G随身政务助手、5G便民服务站、5G便民协同办公、5G政务大厅等领域为核心，使智慧政务水平得以切实提升，使市场爆发出巨大的活力，使社会爆发出巨大的创造力。

2019年7月16日，河北省政务服务中心宣布正式面向公众提供各类政务服务，并为此举行盛大开幕仪式。中国电信河北公司与华为公司共同从技术层面为这场启动仪式提供保障，政务大厅率先实现了5G信号的全覆盖，并帮助河北省政务服务中心开设了一个5G+互联网政务服务体验区，为社会大众提供5G手机政务办理、5G高速Wi-Fi、5G+VR直播、5G智慧安防等新业务。自此，河北省政务服务中心成为河北省内首个推行5G智慧应用的政务服务中心。

在5G+互联网政务服务体验区，社会公众不仅可以使用5G手机，通过"冀时办"App办理社保、缴费、公积金、电子卡包等业务，还可以利用政务大厅内部署的5G CPE设备，将5G信号转化为高速Wi-Fi信号，使用4G手机通过Wi-Fi接入5G网络，享受在线申报、预约办事等便捷服务。

在5G时代，政务服务大厅将成为一个"数字生物钟"，利用智能摄像头对每一个进入大厅的用户进行数据标记，标记内容主要包括个人身份信息、为何而来、办什么事、是否提交相关材料、关联办事需求等。政务服务大厅的中台会自动获取这些数据，反馈给办事窗口，系统会根据办事量与人流密度自动安排响应窗口，并自动匹配需要办事的人员。

以5G技术特性与政务服务业务融合为核心进行研究，从场景服务、用户数据、平台体验等方面对"5G+政务服务"模式及5G技术在政务服务领域的应用方案进行探索，为当地人工智能与数字经济试验区提供更优质的服务，推动政府改革不断向纵深方向发展，打造一个数字化程度高、社会公众认知度高的智慧政务平台。

5G智慧政务创新将借助5G高速率、低功耗、低延时、高接

入等方面的优势，推动智慧审批、智慧服务、智慧公开等领域的
5G升级。在5G信号部署、5G高清直播、5G政务远程审批等方式
的支持下，利用5G终端开展高精度的信息采样，对采集到的信
息进行智能分析，真正实现"不见面审批"，让政府服务打破时
空限制。

长期以来，我国政府在推进政务信息化方面投入了大量资
源，目前已经基本实现政务数字化，整体协同性、开放程度均有
了明显提升。随着社会不断发展，人们生活水平不断提高，人们
对公共服务、公共安全、绿色生态、社会治理等方面提出了较高
的要求，迫切需要政府进一步提高安全、效率、公平、公正、公
开等方面的标准。

进入5G时代以后，数据融合趋势越发明显，协同政务取得
了新突破，在此形势下，智慧政务将实现迅猛发展。随着政务数
据、社会数据、企业数据相互融合、开发、利用，数据将爆发出
更大的能量。为了推动智慧政务更好地发展，人们要优化环境，
增强信息、数据、系统安全，做好信息化的法治建设与标准化
建设。

5G技术的发展以及物联网等新一代信息技术的应用，为打
破组织内部的封闭架构及行业壁垒提供了有效手段，更为智慧政
务的落地应用提供了强有力的支持。各级政府应充分抓住这一机
遇，做好数据开放共享，积极投入商务云、政务云等云平台建
设，提高大数据的应用水平，为社会交通出行、环境保护、健康

养老、社会治理、智能制造等提供更多的支持与帮助。

## 7.2  5G在智慧安防领域的实践应用

### 传统安防 vs 智慧安防

2019年，5G商业化应用进程进一步加快，部分城市居民已经可以率先体验5G的强大魅力。目前，世界各国运营商都在积极部署5G基站等基础设施，同时，积极尝试和各行业企业合作，为"5G+"落地奠定了良好基础。而智能安防是5G的重要应用场景之一。

5G不但能够实现人与人的实时通信，还能使电视、手机、汽车、路灯等各种物体接入物联网，从而极大地推动产业效率提升，以及社会发展进步。满足城市居民与企业的各种需求，是智慧城市"智慧性"的重要体现。而想要打造智慧城市，政府部门需要具备强大的数据获取能力，为此，需要在城市中部署大量视频监控等传感器设备。

城市视频监控具有重要的应用空间，一方面，它能保障城市居民和企业的生产生活安全；另一方面，它有助于提高企业和机构的工作效率。在以下场景中，城市视频监控的作用尤为突出。

（1）人流量大的广场、医院等公共空间。

（2）银行、购物中心等商业空间。

（3）换乘中心、车站等交通中心。

（4）车况复杂的十字路口。

（5）犯罪率较高的区域。

（6）居民小区。

（7）堤坝、森林等防洪、防火区域。

（8）能源中心、数据中心等城市重要基础设施。

公开数据显示，我国摄像头覆盖密度最大的城市是北京，为每千人59台，而位列其后的上海、厦门、杭州等地这一数字约为每千人40台。而英国每千人约配备75台监控摄像机，美国平均每千人约有96台监控摄像头。这表明我国摄像头覆盖密度仍有广阔的提升空间，想要加快推进智慧城市建设，各城市必须在部署摄像头等基础设施布局方面投入更多的资源。

在传统安防场景中，视频监控摄像头是冷冰冰的设备，按照安防厂商的部署执行重复性、机械性工作。而在智能安防场景中，视频监控摄像头拥有了情感和温度，可以自主感知监控区域内的实时动态，并和后台系统进行实时交互。

将这些摄像头在城市中广泛部署后，便能开展城市级的数据搜集、分析、存储与应用，从而推进智慧城市建设。不过，想要实现城市亿万节点数据的高效搜集、分析是一件非常困难的事情，此前的传感器技术、信息通信技术、数据统计与分析技术等根本不能满足智慧城市的实际需要。

随着摄像需求的快速增长，摄像技术也在不断更新迭代。目前，市场中主流的摄像头设备是4M像素、6M像素及8M像素的IP摄像头，预计到2020年，4K分辨率（8.8M）的监控摄像设备将得到大规模应用。视频摄像的功能也越发多元化，比如，应用于突发事件处理现场的可穿戴摄像头等。画面更清晰、帧率更高、特殊条件下成像，是摄像技术研发的主流方向。

在智慧城市中，城市每时每刻都会产生海量数据，而将这些数据传输到云端系统来处理需要的带宽资源难以估量。而如果使边缘端的摄像头自主完成数据整合、处理、分析，对边缘端的计算能力、传输速度又提出了较高的要求。边缘计算技术的发展为解决边缘端的计算能力不足问题提供了有效手段，而提高边缘端的传输速度更多的需要借助物联网技术来解决。目前，亚马逊、谷歌、百度、阿里巴巴等国际科技巨头都在积极布局互联网。

智能安防将借助各种传感器设备对信息进行全面采集，并实时传输到数据中心。然后，由智能系统对数据进行分析，生成分析报告，并为工作人员提供反馈。智能安防可以对潜在威胁进行预测，并在发生事故时，实现自动化、智能化处理。

而5G是实现万物互联的重要工具，是"智能+"得以落地的基础所在。5G实现全面商用后，将催生一系列丰富多元的智慧安防产品与服务，比如无线DVR、高清摄像机、家用智能安防智能终端、可穿戴安防设备等，推动智慧安防产业进一步走向成熟。5G技术可以提供画质更为清晰、时效性更强的视频信息，有助于医疗人员获取更多的细节信息，从而使其制定更为科学合理的医疗决策。

因此，推动5G商业化对安防产业从传统安防向智能安防转型升级具有重要价值。5G技术提供了泛在连接能力，为城市突发事件及时处理、风险监测与防范提供了强有力支持。

依托5G技术，旧金山利用无线传感器生成枪支监测报告，当监测到可疑行为时，系统可以对事件地点进行三角定位，并将信息实时提供给警察局，从而使警察快速制定有效应对策略，降低枪支犯罪事件数量与危害性。此外，部分海外城市还通过5G技术改造气象系统，使系统可以在洪水、冰雹、龙卷风等自然灾害发生前发出警报，并在自然灾害发生时为受灾民众和救助人员提供导航服务。

## 5G开启无线监控时代

在安防行业，随时随地乃至在移动场景中可以进行视频监控，是安防从业者长期追求的重要目标。而从技术实现角度而言，想要达成这一目标必须借助无线传输手段。在2G、3G时代，公共移动通信网络终端带宽非常有限，可用带宽存在较大的波动性，需要同时承担语音、数据等传输业务，传输高质量的视频监控数据时很容易出现丢包问题。

如果终端设备处于移动状态，其可用带宽会明显下滑、误码率则会大幅度提升。和发达国家相比，我国无线通道稳定性较差，所以，无线传输性能远不及有线传输。使用2G或3G进行较高数据量的无线传输任务（如含有音频文件和视频文件的传输任务）时，往往很难达到预期目标。

4G的推广普及，使移动监控具备了落地可能。移动监控使监控人员可以随时随地查看实时监控画面，而且还能查看过去某一时间段的录像。如果在移动监控系统中接入报警装置，当出现异常情况时，报警装置还能向用户的手机发送短信，来提醒用户及时采取有效应对措施。同时，用户可以结合自身的个性需求，在电脑终端远程控制摄像机，实现单画面/多画面任意观看。

进入移动互联网时代后，运营商通过开发的云平台与云服务产品积累了大量移动终端用户，为面向移动终端的视频监控需求爆发提供了巨大推力。在这种背景下，安防移动监控市场将步入高速发展的快车道。

5G技术在无线视频监控中的价值如何得到体现呢？5G技术将会对视频监控系统的无线传输带来颠覆性变革。5G网络传输速度可达4G网络的10～100倍，5G巨头华为甚至提出要将5G基站的网络能力提升到4G的1000倍。可以预见的是，在5G技术的驱动下，无线监控将引领安防产业飞速发展。

5G在无线视频监控中应用场景主要体现在以下几个方面（见图7-1）。

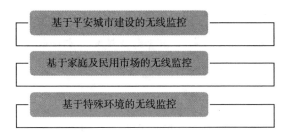

图 7-1　基于 5G 的无线监控应用场景

### ◆基于平安城市建设的无线监控

平安城市建设、道路交通监控、车载公交系统检测、检验检疫电子监管视频监控等行业视频监控系统规模庞大，对技术、网络环境等软硬件设施有较高的要求。

在有线视频监控方面，要求监控画面可以实时获取、录像保存完整、控制指令及时响应等；在无线视频监控方面，要求满足交通巡逻、城管移动巡逻与执法等特定场景的监控视频采集和数据处理需求。

整体来看，视频监控平台想要创造商业价值，往往需要和具体行业深度融合，如为政府部门、电信运营商、金融机构等特定行业客户开发视频监控平台，并提供平台运维服务等。

### ◆基于家庭及民用市场的无线监控

家庭无线监控是智慧安防的一大重要应用场景。5G技术的应用，将使家庭无线监控等智慧安防场景变得更为高效、便捷，实现全程可视化。家庭无线监控具有高性价比、安装便捷、操作方便等优势，吸引了大量用户。

在市场需求刺激下，厂商积极拓展产品功能和应用场景，比如支持现场视频实时监测、历史记录回看、风险预警、远程控制摄像机角度等。然而，产品功能和应用场景的多元化，对视频图像传输速度、时效性等提出了更高的要求，使4G技术在安防领域应用的带宽资源不足、传输速度较慢等问题越发突出。

5G商业化进程日渐加快，视频监控终端产品开发成本逐步降低，以及安防厂商寻求更多利润增长点等因素，将推动家庭和民用安防市场的无线监控需求迎来爆发式增长。此外，建筑工地、会展中心、临时活动场所等也是安防厂商不容忽视的无线监控应用场景。

◆基于特殊环境的无线监控

架设灵活、组网方便，以及在偏远场景中有良好适应性等优势，使无线监控在特殊环境场合有着广阔的应用前景。森林防火、景区监控、油田监管、生态监管、边防站监管等特殊环境场合位置偏僻，环境复杂，采用有线监控时将面临较高的建设与运维成本，而无线视频监控的优势可以在这种场合得到充分体现。

以森林防火为例，通过无线视频监控系统取代传统人工巡视、瞭望塔观测等，是森林防火行业的主流发展趋势。安防厂商通过将无线传输技术、GIS技术、气象监测、大型网络监控技术、智能图像识别技术等相结合，建立林业防火智能监测预警与应急指挥系统，从而实现林区视频进行自动监控、火点定位、烟火识别、火情蔓延趋势分析、扑救方案辅助决策、灾后评估等多种功能，显著提高林区管理单位森林防火能力，并保护林区资源。

## 5G物联网驱动"大安防"落地

近年来，智能家居、智能安防、智慧城市的发展，为人们的日常生活与工作带来了更多的便利，当然，这一切离不开物联网提供的强有力支持。物联网技术为安防系统的转型升级提供了良好的技术条件，将会给安防企业创造广阔的发展机遇。

海量连接物联网业务是5G三大应用场景之一。5G时代来临，将会给物联网行业带来颠覆性变革，万物皆可借助5G网络实现高效连接，从而极大地方便人们的生产生活。中国移动在物联网战略上提出了"到2020年实现50亿物联网连接数、1000亿元收入规模"的目标。为此，中国移动积极打造"云—管—端"全方位的体系架构，使物联网在各行业得以落地应用。

由于4G技术存在带宽资源有限、高清视频传输速度较低等问题，给安防产业发展带来了诸多阻碍。而能够实现万物互联互通的5G技术，在无人车、智能安防、智慧工厂、智慧城市等诸多领域具有广阔的应用空间。

在安防监控场景中，5G技术的应用将使8K分辨率监控设备得到广泛应用。这将带来更为清晰、细节更丰富的画面，进一步提高视频监控分析的商业价值，使安防企业获得更高的利润回报。同时，5G技术能够大幅度提升超高清视频监控数据传输速度，并进一步提高后端数据处理能力，降低数据传输和多级转发造成的延迟损耗。

5G的商业化应用，将使商用、民用智能安防产业全面发展。比如在智慧城市建设中，通过运用5G技术，可以在几微秒内完成数据采集和分析，有效破解智慧城市建设信息孤岛问题，真正实现科技让生活更美好。

5G和安防产业具有较高的契合度，在推动安防产品与服务升级的同时，也将带动物联网、大数据、云计算、人工智能等技术在安防产业的落地应用，优化安防业务流程，将安防系统和其他信息系统无缝对接，推动安防产业链再造和价值链提升。

部分安防厂商已经开始尝试推进5G在安防场景中的应用。比如，海康威视、大华股份、阿里巴巴、上海诺基亚贝尔公司等联手合作，共同建立浙江5G产业联盟，推进5G在安防等行业应用进程，打造合作共赢的5G生态圈。在2018年9月17日举办的以"当物联网遇上5G"为主题的合作伙伴大会上，浙江移动、大华股份、中国移动5G联合创新中心合作开发的5G+8K超高清视频应用在大会上亮相，吸引了大量与会者的关注。

安防产业会涉及一系列的传感和数据采集类应用场景，而且与该类场景相关的终端数量庞大、分布范围广泛，对网络的连接支持能力、连接密度等提出了较高的要求，而5G网络在这些方面恰好有非常优异的表现。

应用驱动是物联网发展的主流趋势，物联网可以成为推动各行业转型升级的重要推力。具体到安防领域，物联网有助于实现实时感知、及时控制、精准定位，这与安防行业特性存在较高的契合度。物联网和5G技术的结合，为推动安防业态创新、拓展安防产业边界、构建智慧城市大安防平台提供了强有力的支持。

在智能家居领域，设备响应速度、精准度、稳定性是影响安防质量的重要因素。而5G技术将有效解决智能家居网络信号不稳定、覆盖范围有限、设备难以互联互通等问题。比如，用户可以通过智能手机实时查看通过5G网络传输的家庭高清监控画面，进一步提高家庭安全性。

在智能交通领域，人们的交通需求日益个性化，交通大数据规模快速增长，从而给交通系统的网络性能带来了较大的挑战。而将5G应用于智能交通系统，可以显著提高交通系统网络容量、可靠性、安全性等，实现交通系统高效、稳定运行，为大众提供安全、便捷的优质出行服务。

在智慧城市领域，智慧城市对物联网有较高的依赖性，也是安防一大重要应用场景。由于未能建立统一的公共信息平台，很多智慧城市探索项目对数据资源的挖掘、应用陷入困境。而5G时代来临后，所有的物品都可以配备能够接入物联网的芯片，信息资源将实现高效流通共享，为加快智慧城市落地提供强有力支持。

5G与物联网应用的结合，将开启"大安防"时代。物联网和安防产业存在着密切的关联，实践证明，安防产业是物联网应用的绝佳平台。物联网技术的发展能够推动安防行业业态与模式创新，为"大安防"概念的全面推广普及提供强有力支持。

在5G与物联网应用融合过程中，安防企业将获得广阔的发展空间。比如，安防企业通过在城市核心区域部署传感器设备，对该区域的各时间段的人群分布、流动情况进行监测，并将采集到的数据传输给后台系统；后台系统通过大数据分析，预测下一时段的人流分布，从而提醒交通管理人员及时制定有效策略，减少交通事故等公共安全事件。

5G是推动信息产业变革的重要基础，推进5G发展具有非常重要的现实意义。将5G和大数据、云计算、虚拟现实、人工智能等技术相结合，可以推动安防企业技术与产品创新，为用户提供全新的安防体验，加快网络强国、制造强国等重大战略落地进程，提高我国的综合国力和国际竞争力。

# CHAPTER 8
## 5G+能源：推动智慧能源建设

## 8.1　5G在智慧能源领域的实践应用

### 智慧能源与电网通信

如今，能源行业正积极寻求与互联网的结合发展，在进行智能化转型升级的同时，借助先进的信息通信技术、控制技术，对智能设备的运行状态进行控制，改革传统作业方式与服务模式。近年来，迅速发展的能源业务使能源行业的通信需求不断提高，只有采用先进的通信技术与完善的通信网络系统，才能满足电力终端、电网设备及客户提出的新要求。

5G的应用能够提高能源基础设施运行的智能化水平，改革传统商业模式，实现双向能源分配，通过这种方式加速能源行业在生产环节的运转，促进能源资源的优化配置，在可再生能源、电动汽车等领域体现出5G的应用价值。

#### ◆ 智慧能源：推动能源转型升级

智慧能源为水、电、气、油、热等能源的应用提供了行之有效的整体解决方案。智慧能源将充分考量不同能源的基本特性，借助智慧科技与理念，提供集设计、输送、调试、运营及服务等一体化解决方案，实现能源的高效、节能、安全应用。

智慧能源是一个具有较高效率、交互性及融合性的能源体系，打通了能源各环节，将多种能源管理系统融为一体，可以在各流程与环节之间进行精准、高效、实时的数据交互，有效提高能源利用效率，减少因沟通不畅造成的决策失误，保障能源系统的高效稳定运行。

为此，国家能源集团以"六统一""大集中"为基本原则，建立智慧能源管理体系，其中，"六统一"原则包括统一规划、统一设计、统一建设、统一标准、统一投资、统一管理；"大集中"原则包括集中设计、集中实施、集中管理、集中部署、集中运维。

2019年1月30日，国家电力投资集团和中国移动、华为联合建立的无线、无人、互联、互动的智慧场站，成功完成全国首个基于5G网络的、多场景的智慧电厂端到端业务验证，为5G技术在智慧能源领域的应用起到了良好的示范作用。

在5G网络的支持下，无人机巡检、机器人巡检、智能安防、单兵作业四大应用场景可顺利落地。以位于南昌的集控中心为媒介，国家电力投资集团可以对光伏电站的无人机、机器人进行远程操控，让他们进行巡检，巡检过程中拍摄的视频可实时回传至南昌集控中心。在高清摄像头的辅助下，集控中心可对场站进行实时监控及综合环控。借助智能穿戴设备附带的音视频功能与人员定位功能，可对电站现场维检人员作业进行远程指导。如果此光伏智慧运维试点能够成功，就能在风电、火电、水电等领域实现推广应用，想象空间巨大。

### ◆电网通信：实现智能化电能管理

现如今，计量业务在电力用户用电信息采集方面占据了主导地位，相比之下，数据传输业务的规模有限，以上行传输为主。目前采用的通信方式多为无线网传输和光线传输，用户终端选择集中器方式完成通信工作，由省级公司负责主站的运营。

业务规模的扩大对用电数据传输的效率及准确率提出了更高的要求。另外，终端数量也迅速增加。为了优化电能供需管理，优化电能利用，供电方要对全部用电终端的负荷数据进行采集，这就需要面向家庭用户获取用电数据。在这方面，很多西方发达国家推行电价阶梯报价模式，为了让用户根据自身的需求量提前购买电能，相关部门要为用户提供实时电价信息。

在获取电力用户用电数据时采用5G技术，能够顺利完成信息采集任务，并快速实现数据传递，提高系统的数据获取能力、数据信息处理效率，强化其管控作用。除了在信息采集方面发挥作用，5G还能够以自动化方式监测电能质量，进行用电管理，传递智能设备运行数据，实施分布式能源监控并进行信息输出。

韩国电信在进行电信服务升级后进入5G时代，并实现了5G技术在汽车制造、能源、医疗等诸多领域中的应用。比如，韩国电信启动了"KT-MEG"（微电网）服务项目，利用通信网络对大量客户的电力使用数据进行智能化收集与管理。此外，还在用量预测方面应用大数据分析数据来加速电厂的整体运转。

## 5G+新能源汽车

5G技术的应用价值还体现在新能源汽车领域。如今，包括汽车在内的行走机械开始采用电力代替传统的燃油进行能源供应。从长远发展角度来分析，新能源汽车将在智慧能源系统中成为不可或缺的一环，而充电桩在电动车市场与新能源领域之间发挥着桥梁作用。

新能源汽车要实现"四化"，即电动化、网联化、智能化、共享化。其中，网联化是智能化的基础。对于新能源汽车来说，5G解决的一个重大问题就是端到端的通信问题，在汽车充电桩建设方面表现为充电桩与充电桩、充电桩与充电站、充电桩与汽车、充电站与汽车等终端间的通信问题。随着5G实现规模化商用，充电桩行业将迎来一波技术升级热潮，充电桩网络的建设效率将得以大幅提升。

持续发展的电动车对充电容量的需求日益增加。根据国网电动汽车服务有限公司的预测，到2030年，电动车保有量会增加至1亿辆，车载动力电池的功率将达到10千瓦以上，这个水平为三峡水电站发电功率的50倍；预计到2040年电动车保有量将增加至2亿辆，车载动力电池的功率将再次翻倍。

如果将退役动力电池考虑在内，动力电池的功率会在原有基础上增加20%。在这种情况下，要想优化用电管理，就要对需求侧的管理模式进行改革。具体而言，此前电动车需要先进行设备连接才能用电，在改革之后则可在充电期间实现互动式用电。

5G网的传输效率很快，上行速率可达10Gbps以上，下行速率可达20Gbps以上。在设备连接方面，5G技术的连接密度不低于每平方米100万台设备。应用5G技术，电动车能够取得突破式的发展，实现产品的升级转型，加速整个行业的发展。

基础设施（如充电桩）的发展水平较低、支付流程复杂等问题在很大程度上制约着电动汽车的发展。针对这些问题，德国莱茵能源公司利用区块链技术、移动通信技术降低了电动汽车充电的复杂性，优化了支付流程。为给电动汽车司机提供方便，隶属于该公司的Innogy公司开发出Share&Charge区块链平台，帮助司机迅速找到充电站位置，快速完成支付操作。在德国进行市场开发的同时，Innogy还与美国公司eMotorWerks进行合作，在美国市场上推出Share&Charge平台，该平台为用户独立建设充电站提供支持。另外，Innogy参与到了德国电动汽车充电网建设过程中，该系统覆盖了100个自动汽车充电站。

汽车充电桩建设因为用到了无线通信，所以服务费成本极高。其实，通过规模效应及运营效率的提升，这个问题可以迎刃而解。另外，受技术制约，网络传输效率会对整个充电网络产生影响。随着5G网络实现规模化商用，传输效率将得以大幅提升，这就表示数据传输速度将越来越快。

另外，5G网络的最大优点还在于它可以支持各种不同的设备，除手机、平板电脑外，还可以支持可穿戴设备，如健身跟踪器、智能手表、智能家庭设备等，当然也包括汽车充电桩等电器设备。

## 5G+智能电网

智能电网是智慧城市的重要组成部分，其发展将会创造数万亿美元的经济效益。本质上，智能电网是一种电力传输网络系统，也被称为"电网2.0"，能够实现电力流、信息流和业务流的深度融合，在能源消耗监测、需求预测、实现负载平衡、提高能源传输效率和安全性、降低能源使用成本、增强电网和用户交互性等方面具有重要价值。

　　智能电网还能提高城市对自然灾害等事故的应对能力，查特努加市（位于美国田纳西州东南部）曾遭遇了一场严重风暴，而因为该城市部署了智能电网，使电网停机时间减少了50%，节约了140万美元的损失。

　　全球市场研究机构Markets and Markets于2018年11月发布的报告中指出，预计全球智能电网市场将从2018年的238亿美元增至2023年的613亿美元，年复合增长率（CAGR）为20.9%。

　　智能照明是智能电网的具体应用，智能照明系统将根据路段中是否有行人、车辆、环境亮度等对光照亮度进行智能调节，在减少能源消耗的同时，又能提高城市安全性。据了解，美国圣地亚哥市和西班牙巴塞罗那市已经全面应用智能照明系统，对减少能源消耗产生了非常良好的效果。运用智能照明系统后，圣地亚哥市每年节约190万美元，如果该系统可以在美国得到全面推广普及，预计每年将节约10亿美元。

　　智能电网使用的通信网络具有双向传输、集成化的特点。在技术应用过程中，智能电网采用的控制方法、传感技术、测量技术、决策制定模式等都发挥着积极的推动作用，能够提高整个系统的智能化水平。当多种类型的电网业务对实时数据传输提出更高的要求时，为其提供服务的通信网系统也要提高自身的能力，具备功能可设置、业务可隔离的特性。

　　为保持智能电网的正常运转，就要为其提供覆盖范围广、数据传输快、安全性高的通信网络。5G技术对电网的传统作业方式和服务模式进行了改革，能够提高电网负荷的准确度，优化供电模式，满足电网运转对通信网络的需求，在提高电网运营智能化水平的同时，为电力用户提供更多的便利。

◆ **智能自动化配电**

作为一种综合信息管理系统，配电自动化将控制技术、数据传输、计算机技术、设备应用技术等结合起来，致力于提高电能质量，实现稳定供电，提升用户体验，加强成本控制，帮助运行人员减轻工作压力。现如今，很多配电系统通过自动化开关设备、计算机网络、通信网络等进行自动控制，但这种控制方式的自动化水平十分有限。

大多数集中式配电自动化方案将数据传输作为通信系统的核心工作。如今，日益多元化的业务对电力系统提出了更高的需求。为了促进业务的发展，供电区域需要提高电力供应的稳定性，保证区域不停电，并加速解决事故问题，这就要求集中式配电自动化系统进一步降低时延，提高数据分析效率。

5G技术的应用，能够促进不同终端之间的信息交互，以自动化方式进行问题分析、判断，解决故障问题并进行供电恢复，提高故障处理的智能化水平，缩短故障停电时间，避免对非故障区域产生供电干扰，加速故障问题的处理进程，提高操作效率。由此可见，智能分布式配电自动化对5G技术的应用，能够有效促进配电自动化的发展。

### ◆精准负荷控制

在进行用电负荷管理的过程中，可使用电力负荷控制技术，对用电负荷进行实时监测，在发现负荷量突破预先设定的安全标准时，发出报警声音，随即中断负荷。

以往，通信网络条件较差，切断负荷的方式比较单一，只能简单地终止所有配电线路的运转。为了提升用户体验，减少对业务发展的干扰，应该有选择地进行切断。为此，要改革传统的控制方法，对重要负荷与非重要负荷进行区分，在负荷量超出预定范围后，先切断非重要负荷，保持工厂内连续生产电源的正常供能。

精准负荷控制系统使用稳控技术，在5G网的支持下，能够实现精准负荷控制，对企业运行过程中的负荷类型进行有效区分，在电网处于紧急状态时选择最佳应急方案，区别对待不同类型的用户，尽可能地降低中断负荷带来的影响，减少经济损失，提高整体效益。

2018年初，中国电信、国家电网与华为共同发布了《5G网络切片智能电网》产业报告。这份报告的出台表明运营商联手垂直行业在5G领域的开发与布局取得了成效。其研究着眼于5G切片技术在智能电网中的应用，分析了智能电网在发展过程中出现的问题、5G网络切片具备的应用价值及适用场景、各个业务场景中的业务特征及其对应的技术标准，利用5G网络切片技术促进智能电网的应用落地。

利用5G网络切片技术，能够按照各个电网业务的需求，推出与之相对应的网络通信服务。另外，5G网络切片技术的应用，能够提高管理过程的透明度，帮助电网公司节约成本，改革传统的应用模式。自此，运营商与电力行业在5G领域的发展将进入新的时期。今后，他们之间会建立更加密切的合作关系，逐一克服典型业务场景中存在的问题，体现5G网络切片技术在实际业务环境下的应用价值，同时降低切片技术应用的复杂性。

## 5G+可再生能源

以往，大型水电站与热电站是主要的供电来源。但这种传统的供电模式易产生环境污染，加剧日益严重的全球变暖。针对这个问题，人们开始采用可再生能源如风能、太阳能等清洁能源发电，开发出更多供电及用电模式。另外，可再生能源发电并网的规模化运行增加了电网管理的难度：首先，可再生能源发电的随机性强、持续性差，使电网运行面临更多挑战；其次，受分布式能源的影响，有源配电网络代替了传统的无源网络，双向流动功率代替了单线功率流动。

从能源供应的角度分析，不同于传统的分布式电源，可再生能源发电直接面向用户，既能够以并网方式进行发电，也能够独立供电。电网的长期运行有赖于分布式电源集成的实现。这种方式不仅能够达到节约成本的目的，还能加速整个系统的运转，满足电网在不同条件下的运行需求，并提高系统运行的柔性化程度。

此前，配电网在设计环节忽视了分布式电源的集成应用。分布式电源的接入改变了网络结构，以双电源或者是多电源网络代替了传统的单电源网络，增加了配电网络潮流方式的复杂程度。在新型配电网络系统中，用户身兼用电方与发电方的身份，电流由单向流动变成双向流动，变化周期更短。为了对分布式电源的运行情况进行有效的管理，加速配电网的运行，就要对传统的监控与通信系统进行调整与改革。

比如，在分布式光伏持续发展的影响下，光伏电站获取的信息体量迅速庞大，不断发展的远程诊断业务、设备监控业务要求通信网络能够实现数据的高效传输。覆盖范围广、智能化水平高、安全保障系数高的5G通信，则能够满足分布式光伏电站的网络通信需求。

针对用户规模不断扩大、数据获取难度增加、网络覆盖不完善等问题，光伏云网利用5G技术能够加快数据传输，并提供可靠的质量保证。光伏网运用5G技术，能够根据各类业务的属性推出相对应的网络切片，满足数据获取、运行管理、电费结算等业务对通信业务的需求，提高光伏云网服务的智能化水平。

位于河北省涞水县南郭下村的分布式光伏扶贫电站于2018年3月启用5G技术并成功运行，与国家电网分布式光伏云网主站实现了连接，完成了对包括功率、转化率、发电量等电站运行数据的高效传输，传输速度达到100G/s。光伏云网利用5G技术，能够将分散的产业链资源集中到一起，促进光伏产业的发展，改革传统分布式光伏行业的布局，加速国家电网综合能源服务战略的实施，提高国家能源供应的可持续化能力。

## 8.2 推动5G与能源行业的深度融合

### 5G与能源互联网

传统模式下，采用自动化运转模式的不同能源设施之间相互独立，能源互联网的应用则能够打破能源设施之间的割裂状态，促成能源生态集群的建设并提高该系统运转的灵活性，进而推动整个智能化产业的发展。5G通信网络的应用，将有效地促进能源行业的智能化发展。

当国际市场掀起新一轮的全球竞争时，各国在竞争参与过程中纷纷推出国家级战略，如德国提出"工业4.0"，我国启动"中国制造2025"，而这些战略的实施都有赖于网络连接的支持。

在第四次工业革命快速发展的今天，人工智能技术在越来越多的领域得到应用，该技术结合大数据、云计算，能够通过5G网络实现万物互联。5G网络在提升人们上网体验的同时，还能凭借其优势功能在垂直领域发挥应用价值，促使垂直行业改革其传统的运作模式，加速整体运转并实现智能化决策，进而推动整个行业的发展。

能源互联网能够发挥能源、信息与经济因素的综合驱动作用，打造完善的能源供应生态系统。在这个系统中占据主导地位的是电力系统。而系统的建设与发展需要有高质量的信息通信网络的支持，且为了保证电网业务的顺利开展，要求网络系统具备较高的可靠性、智能化化水平，还要能够及时、高效、准确地进行信息感知与传递。如此一来，才能提高能源系统的安全性与开放性，进而提高整体的可持续发展能力。

能源互联网与5G网络的共同应用，能够为能源行业的发展做出积极的贡献。具有多样性特征的能源互联网对信息通信网络提出了较高的要求。具体而言，能源互联网的时延低、可靠性要求高，用电终端数量庞大，这就要求信息通信网络能够快速进行信息传递，具备隔离功能及足够的连接能力且能够进行灵活设置。在时延方面，能源互联网的时延需低于20毫秒，但4G网络的最佳时延接近40毫秒，难以对接电网控制业务的需求；且4G网络下的不同业务依靠同一个网络运行，彼此之间无法隔离。此外，4G网络无法进行灵活编排，不能根据不同的业务需求为其提供相对应的网络功能。

为实现电网中数据的顺利发送及反馈，从而为相关业务的开展提供有效的支持，就要采用数据传输高效、超低时延的5G网络来进行能源互联网信息的获取及传递；在对能源互联网信息进行处理与分析后，要运用大数据技术实现数据价值提取，然后通过数据融合与信息展示平台根据业务需求发布处理结果；针对不同单元的服务及应用需求，能源互联网要结合5G网络技术为用户提供优质的体验，并确保服务的安全性。

在全球信息通信快速发展的时代背景下，能源互联网要跟上时代步伐，就要在现有基础上进一步提高信息通信的效率，降低安全问题的发生概率。

只有运用先进的通信技术，能源互联网才能优化资源配置，拓宽应用范围并开发更多的服务项目。近年来，用户双向互动、电动汽车服务、配电自动化等能源互联网业务呈蓬勃发展之势，电力终端、电网设备对通信服务的需求量迅速提高，覆盖众多传感器的无线传感器网络只有采用先进的通信技术，才能具备强大的信息获取与交互能力，满足系统对高效信息传递的需求。此外，电力服务与交易平台的运行也离不开网络系统的支持。5G网络的应用能够解决能源互联网在发展过程中遇到的诸多问题，推动整个行业的发展。

一方面，5G能够被应用到人机交互及机器通信场景中，促进电网信息流的实时传递，促进各类业务的正常开展，同时为多个用户提供高质量的网络通信服务；另一方面，运用网络切片技术，5G在安全性方面有足够的保证，可以根据不同用户的需求进行服务输出；此外，采用分布式网关来应用5G边缘技术，可以快速进行本地流量处理与数据分析，在现有基础上进一步降低时延，促进电网工控类业务的发展。

结合5G技术的应用，能源互联网在实践分布式能源、自动售配电、智能电网等模式的过程中将取得突破式的发展，并在智慧城市、无人驾驶、远程医疗等垂直领域体现其应用价值，将通信运营商与这些垂直行业的发展联系起来，共同促进整合社会的智能化改革。一方面，5G网络技术能够解决垂直行业在发展过程中遇到的阻力；另一方面，垂直行业能够给通信运营商创造5G应用场景，为其带来更多的发展机遇，最终达到共赢局面。

## 驱动能源产业数字化升级

在智能化技术的驱动作用下，第四次工业革命正轰轰烈烈地开展，智能化技术中的人工智能也进入到快速发展时期。近年来，大数据、人工智能在5G网络应用的基础上，实现了人与物、物与物之间连接。无论是德国"工业4.0"还是"中国制造2025"等战略的实施都离不开移动通信技术的支持。

如同电力之于工业化，网络连接在工业化发展过程中同样发挥着不可替代的作用。5G网络既能够提升用户的宽带体验，又能创新垂直行业的运营模式，加快垂直行业的智能化改革，进而促进垂直行业的发展。

　　以垂直行业中的能源电力行业为例，该行业在发展过程中提高了对通信网络的要求。与此同时，以电动汽车服务、用户双向互动、分布式能源接入为代表的业务呈现出蓬勃发展之势，使得电力终端、电网设备对网络通信的需求迅速提高，并对通信技术的安全性、稳定性、数据传输效率等都提出了更高的要求。在这样的时代背景下，为了促进现代能源行业的发展，必须为其提供具有强大能力的通信网络。

　　5G网络在能源电力行业中的应用，能够提高行业发展的智能化、信息化水平，将传统能源转换为电能与清洁能源，清除智能化工业革命发展过程中的阻力，加快实施"中国制造2025"。

　　在经济社会进行数字化改革与升级的过程中，5G技术发挥着重要的推动作用。在后续发展过程中，5G与大数据、云计算、人工智能、VR/AR技术的结合运用，能够实现万物互联，为能源行业的数字化改革提供有力的支撑，提升整个行业的智能化水平。

　　首先，5G的应用能够有效提升用户的体验，为人与人之间的沟通互动提供便利。其次，5G能够满足其通信的网络需求，实现先进移动通信技术在智能电网、智慧城市发展过程中的应用，维持海量设备的正常运转。

　　5G技术的应用与网络基础设施的完善持续扩大着能源行业的网络覆盖范围，改革了传统的应用模式。利用5G网络，能源行业的智能设备将具备远程监控、自动修复、实时跟踪等功能，提高数据传输效率，提高系统的反应能力及管理能力，进而实现产品的增值。

如此一来，包括电网、分布式电源、电动车、储能设备等在内的硬件设施，以及包括能量监控系统、能量管理系统、交通运维系统在内的软件设施，都可以高效地实现联网操作，服务于整个系统的运营，促进5G在能源行业中的深度应用。

5G技术在能源行业中的应用能够推动终端产品升级、改革传统业务模式，同时促进能源互联网消费的发展，为智能电网、可再生能源、电动汽车、电网通信等垂直行业的运营提供支持。5G技术在能源行业的智能化发展过程中发挥着重要的推动作用，能够在生产环节、销售环节、消费环节等体现其应用价值，提高能源行业各个环节运作的智能化、数字化、信息化水平，以智能化方式对能源行业的各个环节、各个渠道进行高效的管理。

能源互联网对能源产业的形态进行了创新，实现了互联网在能源生产、传输、市场运作等环节中的渗透，智能化水平高、协同能力强、信息传递迅速、结构扁平化。在具体应用过程中，具有接入量大、传输高效等优势的5G技术，能够简化互联网的流程，促进产业链不同环节之间的合作，加速系统运转。根据工信部电信研究院2017年6月发布的《5G经济社会影响白皮书》指出，国内互联网行业在布局5G通信设备与通信服务方面的投资规模到2030年将达到百亿级。

5G技术的应用能够通过以下两种方式促进能源行业的投资：其一，只有做好网络设备方面的准备工作，才能实现5G技术在能源行业的深度应用，并推动其产业化发展，而能源行业对5G网络及相关设施建设的投资，能够扩大自身的资本规模，获得更多发展机会。其二，5G能够带动能源行业增加相关的产品、技术等形式资本的投资，提高对信息通信技术的重视程度，为其提供更多的资本支持，通过促进能源行业的数字化升级，推动技术创新，加速生产系统的运转，对行业结构进行调整。

## 能源和通信的跨界融合

5G网络能够在诸多业务场景中得以应用，改革传统的商业模式，实现业态层面的创新。能源行业利用5G技术能够完善基础设施建设，优化投资配置，提高资源利用率，提升行业整体的数字化水平，进而加速行业的转型升级，达到深度变革的目的。在5G技术应用的基础上，能源与通信行业之间将建立更加密切的合作关系，促进电力与通信基础设施的综合资源利用，推动能源行业对先进信息通信技术的应用，进而加速行业的数字化转型。

运营商在部署5G网络的过程中，需要在前期建设与后期运维方面投入大量成本。相较于4G网络，5G的基站数将成倍增加，电网公司需要建设许多输电杆塔，为通信设备挂载提供足够的支持。

能源电力行业拥有较为完善的基础设施体系，并据此在通信基础设施共享领域展开了布局，与通信行业共享杆塔资源，帮助该行业建设通信基站，在基础设施资源的整合应用方面突破行业界限。另外，通信行业的信息化运营平台集互联网与物联网的应用为一体，再结合通信站址资源的应用，能够满足电力无线专网、电力杆塔信息监控等的运营需求。

电力行业与通信行业进行资源共享，既能够使通信行业从中获益，又能促进电力行业的发展。对通信行业来说，两者之间的合作可以加快通信基站的建设速度，提高投资安全性，节约建设成本，促进5G网络的布局；对电力行业来说，两者之间的合作能够优化电网企业的资源配置，增加电力塔的功能，充分体现其应用价值；从社会资源利用的角度分析，这种方式能够节约土地资源，减轻环境负担，提高投资利用率，进而提高行业发展的可持续性。

此为共享经济模式的一种，能够提高资源利用率，促进社会基础设施资源的共享，为能源行业的发展提供助推力量，给国内不同行业之间的资源整合做出表率，进一步扩大这种模式的应用范围。未来，电力行业与通信行业会展开更加深入的合作，在5G及其他领域进行布局，力求实现共赢。

美国知名电信企业AT&T于2016年9月推出AirGig发展项目，运用电力线来传递毫米波信号，采用共享方式整合利用现有的电力基础设施资源，加速5G网络的建设与应用。

日本东京电力公司（TEPCO）于2017年7月公开表示助力5G的发展，通过开放电力铁塔为运营商的5G基站建设提供支持。在合作过程中，东京电力公司除了向运营商开放铁塔资源外，还致力于实现5G网络基础设施资源的共享。

中国铁塔股份有限公司于2018年4月与国家电网有限公司、中国南方电网有限责任公司达成合作关系，共同促进"共享铁塔"创新模式的实施。在合作过程中，这两家电网公司为中国铁塔公司提供输电铁塔资源，并联手布局通信业务服务，打造智能电网。此次合作表明国内通信行业与电力行业在资源共享方面取得了初步成功。

南方电网公司的全资子公司——云南电网公司早已联手中国铁塔股份有限公司云南省分公司共同实施"共享铁塔"模式。与此同时，南方电网公司、国家电网公司还携手中国铁塔公司，对电力与通信行业之间的跨行资源共享进行了分析。如今，在电网公司高压电力塔资源的支持下，我国已建成300多座小微站，近50座宏基站。通过分析试点基站的运行状况可知，电力铁塔与通信基站都能够保持正常运行状态，安全性较高，且通信设备的运行不会受到电力线路磁场的干扰，电力塔也不会因通信设备产生的影响而出现安全问题。

中国铁塔公司的数据统计结果显示，每座地面通信塔的建设成本约为14.2万元，该成本包含塔体与塔基两部分，其占地面积达到30平方米。如果只建设塔基，结合现有的电网铁塔杆体，则能够大大加快基站建设的速度。通过对铁塔、杆体资源进行共享，既能降低混凝土、钢材的成本，又能减少土地资源的占用，避免重复建设，提高基站建设效率。

## 能源企业的战略转型

能源企业应该对5G的价值进行深度挖掘，利用5G的优势力量促进自身的数字化改革，从各个方面增强企业的竞争实力。为此，能源企业要抓住5G发展的利好时机，促进5G技术在能源行业中的应用，大力开发能源行业中涉及5G应用的业务，从战略层面促进5G与能源的结合发展，建立完善的信息安全体系并在后续发展过程中不断进行优化，引进网络安全技术并提供足够的资金支持。

### ◆采取跨产业融合的多元化战略

数字经济行业的核心经济部门围绕计算机、通信及内容产业开展运营。随着计算机、通信及内容产业之间的融合程度不断加深，在5G技术的推动作用下，行业结构会出现新的特点，进而带动整个产业的转型升级，促进不同行业之间的合作，突破工业化与信息化之间的界限。通过强化基础设施建设、应用先进技术、进行结构升级推动能源行业与5G的融合发展。在这样的时代大背景下，走在能源、通信领域前端的实力型企业也会牢牢把握住机会，积极促进产业融合，在相关行业的领域进行业务拓展。

以往，能源企业的目光比较短浅，仅局限于当前的市场和资源情况，但在产业融合渐成主流的今天，能源企业必须开阔视野，从战略层面制定有效的应对方案，采用多元化投资战略，积极涉足相关产业，利用资源优势进行跨产业融合，进一步扩大经济规模，拓展业务范围。

◆**重视企业信息安全体系的构建**

通常情况下，国家机构、金融体系出现的网络安全问题会对能源行业燃料动力综合体企业产生很大的影响。所以，能源行业的燃料动力综合企业发生的网络安全事件在一个国家所有工控系统出现的网络安全问题中会占据较大的比重。

5G技术的应用能够提高移动网络的数据传输效率，在帮助用户拓展业务范围的同时，在数据安全方面也面临着更多的问题。5G的业务类型更加丰富，数据传输规模更大，存在更多的移动终端漏洞，成为黑客攻击的对象。如果漏洞遭到攻击，会给相关企业带来巨大的损失。根据信息安全软件提供商的统计，近年来，工业计算机网络出现的安全问题越来越多，相较于旧问题的解决，新问题的增长速度更快一些。

能源行业中的燃料动力综合企业也面临着网络安全带来的挑战。在物联网、区块链技术、5G技术的推动作用下，加上分布式能源、智能电网的快速发展，提高了能源设施的复杂程度，扩大了能源设备的应用规模，促使能源行业更多地采用自动化方式维持系统运转，引进功能更丰富、数量更多的可编程控制器，并积极提高能源生产设备、工控系统的环境适应能力，加强能源行业与通信行业之间的合作关系，推动跨行业融合。

5G应用价值的充分发挥，有赖于燃料动力综合企业在设施体系方面提供的可靠支持与保障，与之相关的网络安全及隐私保护问题也要引起企业的足够重视。在促进5G应用落地的过程中，能源企业应该建设成熟、完善的网络安全体系，配合网络安全行动的实施，及时应对、处理网络安全问题。另外，要积极引进网络安全相关的新型技术，并通过加大资金支持力度来推进这类技术在各个环节中的应用。

### ◆加强行业与5G的融合创新研究

如今，5G正加快建设技术标准，并趋向于产业化应用与发展。很多国家都在5G领域展开了布局并制定了国家级战略，旨在通过大力发展5G技术提高综合竞争力。在重大机遇面前，我国也积极推动5G的发展，促进该技术的产业化应用，提早建设网络基础设施，为5G的产业化发展创造良好的环境条件，促进5G在垂直领域的应用，并不断扩大其应用范围。未来，持续发展的5G技术将与垂直行业实现深度融合，改革传统商业模式、业态形式。从目前的发展情况来看，5G在能源行业的应用价值集中体现在智能电网、电网通信、电动汽车、可再生能源等具体领域。

能源企业应积极推动5G技术的深度应用，不断扩大5G技术在能源领域中的应用范围，实现跨行业融合发展。在这个过程中，企业应该着重分析能源行业存在的5G技术需求，促进企业与个人用户之间的交互，挖掘潜在的应用场景。要大力开发核心技术，利用5G技术满足能源行业的发展需求。促进通信设备企业与电信运营商之间的合作，加快智能电网建设，拓展更多的通信业务服务，针对能源行业的应用场景充分发挥5G技术的应用价值，为其业务发展提供足够的支持与保障。